**Cândida da Glória Gabriel Domingos**

**Enfoque Didáctico en la Resolución de Problemas**

Cândida da Glória Gabriel Domingos

# Enfoque Didáctico en la Resolución de Problemas

## Optimizando la Enseñanza y Aprendizaje de Matemáticas a través de Estrategias Didácticas

PUBLICIA

**Imprint**



Cover image: www.ingimage.com

Publisher:
PUBLICIA
is a trademark of
Dodo Books Indian Ocean Ltd. and OmniScriptum S.R.L publishing group

120 High Road, East Finchley, London, N2 9ED, United Kingdom
Str. Armeneasca 28/1, office 1, Chisinau MD-2012, Republic of Moldova, Europe
Printed at: see last page
**ISBN: 978-3-639-55840-1**

**Estrategia didáctica para el proceso de resolución de problemas matemáticos en la disciplina Matemática en la formación de profesores para la enseñanza primaria**

**Autor: Lic. Cândida da Glória Gabriel Domingos**

# *AGRADECIMIENTOS*

A Dios que es la gran fuerza que me guía y sostiene, tornando ese sueño en realidad a pesar de tantas dificultades.

A mis padres por todo lo que hacen desde mi existencia por el apoyo incondicional, porque me enseñaron que la formación es el único camino que se hace sin ninguna probabilidad de arrepentimiento y que cuando confiamos en Dios nada es imposible.

A mi incansable tutora Dra. Emma Margarita Gibert Benítez por todo apoyo orientación, enseñanza y ayuda en todas las vertientes de la vida, ha sido mi fuente de inspiración desde que la conocí.

A mi tutor Dr. Carlos Suárez Méndez por todo apoyo y señalamientos.

A la familia de Aurelio Quintana por su cariño y apoyo.

A todos mis hermanos, primos, compañeros, comadre y amigos por su colaboración y solidaridad, ahora son parte de mi familia.

A los miembros del Departamento de Ciencias Exactas de la Universidad de Ciencias Pedagógicas "Enrique José Varona" por su valiosa ayuda, y a los especialistas que consintieron colaborarme y cuyas valoraciones fueron decisivas en el proceso de conformación de la tesis.

A los directivos, profesores y alumnos de la Escuela de Formación de Profesores ``Ferraz Bomboko´´ Huambo, especialmente a los que participaron en la puesta en práctica de la estrategia didáctica.

Al profesor MSc. Alambre Pinto por brindarme su ayuda y señalamientos en la investigación.

**A todos, Muchas Gracias**

# *DEDICATORIA*

Dedico esta obra con todo cariño, admiración y respeto:

A mis amados y adorados hijos: Amelia, Marcia, Cássia, Junior y Sénior para que vean que el camino no termina si no has logrado algo valioso para aportar a los demás y por ser la gran fuerza impulsora de mi voluntad para estudiar y proponerme metas, con el inmenso deseo de serles útil.

A mis padres Cecilia Domingos y Feliciano Domingos, por haberme ungido con su esfuerzo y valor.

## SÍNTESIS

El proceso de enseñanza-aprendizaje de la resolución de problemas matemáticos en la disciplina Matemática, en la Escuela de Formación de Profesores para la Enseñanza Primaria "Ferraz Bomboko" de Huambo, presenta insuficiencias. Ello derivó la necesidad de investigar en la problemática planteada.

La sistematización realizada permitió fundamentar el objeto de estudio y el campo de acción. Los resultados del diagnóstico evidenciaron insuficiencias en la dirección del proceso de enseñanza-aprendizaje de esta disciplina para la resolución de problemas matemáticos y debilidades en el aprendizaje mostrado por los estudiantes y en sus resultados. Ello derivó la elaboración de una estrategia didáctica, a partir de la integración sistémica de las tendencias la enseñanza basada en problemas y la enseñanza de la resolución de problemas que potencian el uso de las TIC, de los procedimientos heurísticos, así como de los componentes metacognitivos y afectivo de la resolución de problemas, en correspondencia con las necesidades formativas de los estudiantes.

Los resultados de la consulta a especialista y de la aplicación de la estrategia mediante un pre-experimento permitieron comprobar que la estrategia didáctica elaborada es viable, pues se corroboran cambios en el proceso de enseñanza-aprendizaje de la resolución de problemas matemáticos en la disciplina Matemática en 12mo grado de la Escuela de Formación de Profesores para la Enseñanza Primaria "Ferraz Bomboko" de Huambo.

ÍNDICE

## INTRODUCCIÓN

La sociedad está inmersa en un proceso de transformación hacia el desarrollo sostenible que se corresponda con el acelerado desarrollo alcanzado por la ciencia y la técnica, lo que repercute directamente en la sociedad actual provocando cambios en los sistemas educativos. La República de Angola no está ajena a estas exigencias y en los últimos años se realizan transformaciones en el sistema educacional, orientadas a formar ciudadanos con una cultura general integral, con un mayor desarrollo de la conciencia, con un espíritu solidario y humano, con un sentido de identidad nacional y cultural, para que de manera creativa pueda transformar la realidad en que vive.

En la Ley de Bases del Sistema de Educación de Angola se plantea que el sistema educativo angolano tiene como propósito desarrollar armónicamente las capacidades físicas, intelectuales, morales cívicas, estéticas y laborales de la joven generación, de manera continua y sistemática con el fin de elevar el nivel científico, técnico y tecnológico, para contribuir al desarrollo socio-económico del país ((Lei de Bases do Sistema de Educação, 2001).

Los objetivos de la formación media normal de profesores están dirigidos a prepararlos con un perfil integral a partir de los objetivos generales de la educación; con sólidos conocimientos científicos y con una profunda conciencia patriótica de modo que asuman con responsabilidad la tarea de educar las nuevas generaciones (Lei de Bases do Sistema de Educação, 2001).

Los Institutos Medios Normales, que surgen en la década de los años 80, tienen como misión formar docentes de nivel medio habilitados para ejercer sus funciones, fundamentalmente en la enseñanza primaria, con una formación científico-técnica y cultural en las diferentes áreas del conocimiento, en estrecha relación con la investigación científica, orientada a la solución de los problemas que se presentan relacionados con el desarrollo del país.

Una de las disciplinas que se imparte es la Matemática, su objetivo fundamental es la resolución de problemas matemáticos y de la vida práctica, el desarrollo del pensamiento lógico, así como promover la adquisición de contenidos que permitan dominar los conocimientos de la matemática a enseñar (Ministerio de Educación, 2012).

En la disciplina Matemática, en 12 grado de la formación de profesores para la enseñanza primaria se estudian las funciones matemáticas, particularmente los relativos a sucesiones numéricas, al límite de funciones de una variable real y el cálculo diferencial con el propósito de formalizar los conceptos y definiciones que traen de los grados precedentes y sirven de base para fundamentar la matemática en la enseñanza primaria, lo que contribuye al desarrollo del pensamiento lógico y a la preparación para enfrentar la resolución de problemas.

La resolución de problemas ha sido ampliamente abordada por diferentes autores. A nivel internacional se reconocen los trabajos realizados por Polya, G. (1965); Schoenfeld, A. (1985,1991); Santos Trigo, LM. (1997); De Guzmán, M. (2001); entre otros. En Cuba se destacan autores como: Labarrere, A. (1988, 2000); Campistrous, L. y Rizo, C. (1999b, 2013); Llivina, M. (1999); Mazarío, I (1999); Rebollar, A. (2000); Ferrer, M. (2000); González, D. (2001); Sigarreta, JM. (2001); Cruz, M. (2002); Suárez, C. (2004); Fonte, A. (2003); Capote, M. (2003); González, MC. (2006); Ron, J. (2007); entre otros. En Angola aunque se registran pocos resultados de investigaciones relacionadas con el tema, se reconoce la obra de Das Dores, JM. (2014); Celestino, JM. (2014); Fazenda, J.A. (2014); entre otros.

Llivina, M. (1999) en su obra diseña una propuesta metodológica para contribuir a la capacidad de resolver problemas matemáticos. Mientras que, Campistrous, L. y Rizo, C. (1999 b, 2013) profundizaron en el proceso de resolución de problemas y proponen técnicas dirigidas a este proceso.

González, D. (2001) aporta una conceptualización y sustentación teórica de la formulación de problemas matemáticos como una competencia específica. Cruz, M. (2002) elabora una estrategia metacognitiva dirigida a favorecer la formulación de problemas matemáticos escolares, por parte de los profesores en formación; Suárez, C. (2003) propone una estructuración didáctica para la identificación de problemas como una capacidad específica, en la educación primaria.

Por otra parte Das Dores J. (2014), aporta una estrategia didáctica para la enseñanza de las técnicas de resolución de problemas en la formación de docentes de Matemática. Fazenda, J.A. (2014) propone un modelo didáctico que contempla la articulación entre el empleo de problemas bases convenientes para los enfoques de empleo de la resolución de problemas, para el tratamiento de los problemas en el proceso de enseñanza-aprendizaje de la disciplina Investigación Operacional en la formación de ingenieros.

En los trabajos consultados se diseñan propuestas que abordan el trabajo con problemas matemáticos en la enseñanza secundaria, primaria, universitaria, en la formación de profesores para la enseñanza media que pueden ser integrados y contextualizados en la formación de profesores para la enseñanza primaria en la

República de Angola. Sin embargo, hasta donde la autora ha investigado no se encontraron estudios relacionados con la resolución de problemas en la formación de profesores para la enseñanza primaria en el contexto angolano.

La autora en la etapa exploratoria durante el curso escolar 2014 en la Escuela de Formación de Profesores “Ferraz Bomboko” del Huambo, República de Angola realizó el análisis de los documentos normativos, de los resultados del desempeño de los profesores de Matemática (cursos 2012, 2013 y 2014), de las pruebas realizadas por los estudiantes y de las observaciones a clases, así como de las entrevistas a profesores y directivos y las encuesta aplicadas a estudiantes.

Los resultados de este estudio y la experiencia de la autora, como profesora de Matemática durante 13 años, permitieron identificar la situación problemática siguiente:

- En los programas no se declara explícitamente la identificación y la formulación de problemas y resultan insuficientes las orientaciones metodológicas que se ofrecen para el tratamiento didáctico de este contenido.
- En los profesores, se identifica una insuficiente preparación teórico-metodológica para dirigir el proceso de enseñanza-aprendizaje de la resolución de problemas matemáticos, lo que genera limitaciones para la orientación y realización de las acciones dirigidas a la identificación, formulación y resolución de problemas.
- En los estudiantes, es insuficiente el dominio de los contenidos matemáticos y de las acciones a ejecutar durante el proceso de resolución de problemas. Además es limitada la independencia cognoscitiva, el uso de estrategias de aprendizaje, el desarrollo de procesos metacognitivos y muestran faltan de motivación durante el proceso de resolución de problemas. .

La problemática descrita revela la existencia de una contradicción entre la demanda social planteada en el programa de la disciplina Matemática en la formación de profesores para la enseñanza primaria con respecto a la resolución de problemas matemáticos y las insuficiencias identificadas en el proceso de enseñanza-aprendizaje de la resolución de problemas en 12mo grado de la Escuela de Formación de profesores para la enseñanza primaria "Ferraz Bomboko"- Huambo, República de Angola.

A partir de esta contradicción se elabora el siguiente **problema científico**: ¿Cómo contribuir al proceso de enseñanza-aprendizaje de la resolución de problemas matemáticos en la disciplina Matemática en 12mo grado de la formación de profesores para la enseñanza primaria en la República de Angola?

Por **objeto de estudio** se reconoce: El proceso de enseñanza-aprendizaje de la disciplina Matemática en la formación de profesores para la enseñanza primaria en la República de Angola y por **campo de acción**: El proceso de enseñanza-aprendizaje de la resolución de problemas matemáticos en la disciplina Matemática en 12mo grado de la formación de profesores para la enseñanza primaria en Huambo, República de Angola.

Para diseñar una propuesta de solución al problema científico identificado se formula como **objetivo**: Proponer una estrategia didáctica que contribuya al proceso de enseñanza-aprendizaje de la resolución de problemas matemáticos en la disciplina Matemática en 12mo grado de la Escuela de Formación de Profesores para la Enseñanza Primaria "Ferraz Bomboko" de Huambo, República de Angola.

Para su cumplimiento se plantean las **preguntas científicas:**

1. ¿Qué referentes teóricos y metodológicos sustentan el proceso de enseñanza-aprendizaje de la disciplina Matemática en la formación de profesores para la enseñanza primaria, y en particular de la resolución de problemas matemáticos?
2. ¿Cuál es el estado actual del proceso de enseñanza-aprendizaje de la resolución de problemas matemáticos en la disciplina Matemática en el 12mo grado de la Escuela de Formación de Profesores para la Enseñanza Primaria "Ferraz Bomboko" de Huambo, República de Angola?
3. ¿Qué componentes y relaciones deben conformar una estrategia didáctica que contribuya al proceso de enseñanza-aprendizaje de la resolución de problemas matemáticos en la disciplina Matemática en el 12mo grado de la Escuela de Formación de Profesores para la Enseñanza Primaria "Ferraz Bomboko" de Huambo, República de Angola?
4. ¿Qué resultados se obtienen con la aplicación de la estrategia didáctica propuesta en 12mo grado de la Escuela de Formación de Profesores para la Enseñanza Primaria "Ferraz Bomboko" del Huambo, República de Angola?

La investigación se organizó a partir de las siguientes **tareas de investigación:**

1. Sistematización de los referentes teóricos y metodológicos que sustentan el proceso de enseñanza-aprendizaje de la disciplina Matemática en la formación de profesores para la enseñanza primaria, y en particular de la resolución de problemas matemáticos.
2. Caracterización del estado actual del proceso de enseñanza-aprendizaje de la resolución de problemas matemáticos en la disciplina Matemática en el 12mo grado

de la Escuela de Formación de Profesores para la Enseñanza Primaria "Ferraz Bomboko" de Huambo, República de Angola.

3. Elaboración de una estrategia didáctica que contribuya al proceso de enseñanza-aprendizaje de la resolución de problemas matemáticos en 12mo grado de la Escuela de Formación de Profesores para la Enseñanza Primaria "Ferraz Bomboko" de Huambo, República de Angola.
4. Valoración de los resultados de la aplicación de la estrategia didáctica propuesta en 12mo grado de la Escuela de Formación de Profesores para la Enseñanza Primaria "Ferraz Bomboko" de Huambo, República de Angola.

Para desarrollar las tareas de investigación se utilizaron los siguientes **métodos teóricos:**

- **Analítico-Sintético:** para el estudio de la bibliografía consultada, la sistematización de los referentes teóricos que sustentan el proceso de enseñanza-aprendizaje de la resolución de problemas en la disciplina Matemática en la formación de profesores para la enseñanza primaria y el establecimiento de las principales generalizaciones.
- **Histórico y lógico:** para el estudio de la evolución histórica de la resolución de problemas en la Matemática como ciencia y como disciplina y para evidenciar la lógica interna de su trayectoria.
- **Análisis documental:** para el estudio de documentos, informes de investigación, resoluciones y reglamentos que brindan información acerca del proceso de enseñanza-aprendizaje de la disciplina Matemática en la formación de profesores para la enseñanza primaria y en particular de la resolución de problemas matemáticos.

- **Inductivo – deductivo:** para inferir conclusiones luego de analizar las posiciones teóricas, antecedentes, regularidades y resultados prácticos relacionados con el proceso de enseñanza-aprendizaje de la resolución de problemas en la disciplina Matemática , que permitieron la elaboración de la estrategia didáctica.
- **Sistémico estructural funcional:** aplicado durante toda la investigación, en particular en la elaboración de la estrategia didáctica.

Los **métodos empíricos** empleados fueron:

- **Observación:** a clases para diagnosticar el estado del proceso de enseñanza-aprendizaje de la resolución de problemas matemáticos en la disciplina Matemática en 12mo grado de la Escuela de Formación de Profesores "Ferraz Bomboko" del Huambo y sus modificaciones con la puesta en práctica de la estrategia didáctica.
- **Encuesta:** a profesores, directivos y estudiantes para obtener información acerca del proceso de enseñanza-aprendizaje de la resolución de problemas matemáticos en la disciplina Matemática en 12mo de la formación de profesores para la enseñanza primaria.
- **Consulta a especialistas:** para obtener la valoración de la operacionalización de la variable y de la estrategia didáctica elaborada.
- **Experimental (Pre-experimento):** para la valoración de los cambios en el proceso de enseñanza-aprendizaje de la resolución de problemas matemáticos que se obtienen con la puesta en práctica de la estrategia didáctica elaborada.

**Métodos Estadísticos:** análisis de las frecuencias absolutas y relativas, y el cálculo de la mediana, para determinar el comportamiento de la variable, sobre la base de la caracterización y comparación de cada uno de sus indicadores. La prueba de los signos, para demostrar la significación estadística en la comparación del mismo grupo en dos momentos en el pre-experimento.

- **Población:** para la realización de esta investigación se consideró como población a los 220 (100%) estudiantes del 12mo grado, los ocho (100%) profesores que imparten la disciplina de Matemática y tres (100%) directivos de la coordinación de Matemática de la Escuela de Formación de Profesores para la Enseñanza Primaria "Ferraz Bomboko" de Huambo República de Angola.

  Se destacan como contribuciones:

- Una sistematización que realiza la autora de los diferentes puntos de vista y autores que abordan la resolución de problemas matemáticos en el proceso de enseñanza-aprendizaje de la Matemática, así como de las principales tendencias de la resolución de problemas y del tratamiento de las acciones de identificación, formulación y resolución de problemas.
- La integración sistémica de las tendencias la enseñanza basada en problemas y la enseñanza de la resolución de problemas, para el tratamiento de los problemas en el proceso de enseñanza-aprendizaje de la disciplina Matemática en la formación de profesores para la enseñanza primaria.
- Un conjunto de acciones secuenciales e interrelacionadas dirigidas al profesor en la dirección del proceso de enseñanza-aprendizaje de la resolución de problemas en la disciplina Matemática en la formación de profesores para la enseñanza primaria y al estudiante y al grupo en el aprendizaje.

**La novedad científica:** está dada en el tratamiento didáctico al proceso de enseñanza-aprendizaje de la resolución de problemas matemáticos en la disciplina Matemática a

En 1986, se extinguen los CFA y en su lugar se crean los Cursos Básicos de Formación Docente (CBFD) con una duración de dos años cumpliendo un plan curricular idéntico al de los CFA al que se le agregaron disciplinas académicas de enseñanza básica lo que posibilitó conferir equivalencia académica de octavo grado a sus egresados.

La formación media de profesores se realiza en los Institutos Medio Normales de Educación (IMNE), cuyos candidatos ingresan con octavo grado, el curso tenía una duración de cuatro años. En ellos, se formaban profesores en el sistema de bi-docencia en las disciplinas de Matemática/Física, Biología/Química e Histórica/Geografía y mono-docencia en las disciplinas de Portugués, Inglés, Francés, Educación Física, Educación Visual y Plástica y magisterio primario.

En estos Institutos se constata una formación muy general, teórica y abstracta. La inadecuada organización interna del proceso de enseñanza, no favorecía la inserción de los estudiantes en la práctica educativa (Ministério da Educação, 2004: 12).

En la década del 90, el país se vio inmerso en una guerra interna que fue una constante desestabilizadora y provocadora de un empobrecimiento del sistema educativo. Se extinguen los CBFD y en su lugar se crean los magisterios primarios de Luanda y Benguela, que tenían la responsabilidad de formar profesores primarios con una calificación técnica media para asegurar los últimos grados de la enseñanza primaria, ya que los profesores formados en los IMNE no respondían a este perfil.

Con la necesidad de mejorar la educación, en el 2001 la Asamblea Nacional de la República de Angola, aprueba la Ley de Bases del Sistema de Educación, la que define, en el artículo 1, como finalidad del Sistema de Educación, la formación integral de la personalidad de los educandos, con vistas a la consolidación de una sociedad progresiva y democrática, y orienta la realización de la reforma educativa bajo los principios de integridad, educación laica, democrática, gratuidad, obligatoriedad y el idioma Portugués como lengua oficial (Ley de Bases del Sistema de Educación, 2001).

La formación de profesores para la enseñanza primaria se llevaba a cabo en las Escuelas de Magisterio Primario creadas experimentalmente en Luanda y Benguela,(tenían una escuela primaria anexa para las prácticas pedagógicas, el plan de estudio constaba de 10 disciplinas curriculares, se introduce la evaluación diagnostica, formativa y sumativa continua) mientras que para el primer ciclo de la enseñanza de base continuaron los IMNE, los cuales pasaron a designarse como Escuelas de Formación de Profesores.

En el año 2016 es aprobada por la Asamblea Nacional de la República de Angola una nueva Ley de Bases del Sistema de Educación y Enseñanza. En el artículo1 plantea como principios del Sistema de Educación y Enseñanza. legalidad, integridad, laicidad, universalidad, gratuidad, obligatoriedad y carácter democrático, así como la intervención del Estado, cualidad de trabajo, educación y promoción de los valores morales, cívicos y patrióticos y la oficialidad del idioma portugués.

Esta ley, en su artículo 43 define el Subsistema de Formación de Profesores y lo estructura en dos áreas: Enseñanza Secundaria Pedagógica, y Enseñanza Superior Pedagógica. La Enseñanza Secundaria Pedagógica se realiza concluido el 9no grado con una duración de cuatro años, en Escuelas de Magisterio Primario.

Se definen como objetivos de la Enseñanza Secundaria Pedagógica:

a) Ampliar, profundizar y consolidar los conocimientos, las capacidades, los hábitos, las actitudes y las habilidades adquiridas en el primer ciclo de Enseñanza Secundaria.
b) Capacitar a los individuos para el ejercicio de actividades docente-educativas en la Educación Preescolar, Enseñanza Primaria y en el primer Ciclo de Enseñanza Secundaria.
c) Asegurar el desarrollo del raciocinio, de la reflexión y de la creatividad técnico-pedagógica y científica
d) Permitir la adquisición de conocimientos, hábitos y habilidades necesarias para la inserción en la actividad docente-educativa y para la continuación de estudios en el Subsistema de Enseñanza Superior. (Ley de Bases del Sistema de Educación y Enseñanza, 2016).

Estas exigencias condujeron a un profundo proceso de transformaciones, a partir de lo que se venía realizando y en correspondencia con las exigencias del mundo actual, inmerso en una revolución científico-técnica sin precedentes en la historia.

La sociedad angolana espera que el futuro profesor tenga una amplia y sólida formación sobre la base de los principios éticos y políticos acordes con la profesión y que esté comprometido con la educación, la promoción y el fortalecimiento de la ciudadanía de la joven generación. Pues también para Angola, la mejora de la calidad de la educación y la ampliación del acceso y las oportunidades educativas para toda la población constituyen requisitos fundamentales para el fortalecimiento de la ciudadanía.

Es necesario mejorar la formación del profesor, en particular, en el dominio de los fundamentos teóricos y metodológicos de la resolución de problemas matemáticos, en función de garantizar una educación y una formación de profesionales que, por sus valores y habilidades, tengan un impacto relevante en su desarrollo personal y lograr que los aprendizajes que realicen se caractericen por su relevancia, pertinencia y eficiencia, que concuerden con los principios científicos y los valores universales, cívicos y morales compatibles con la cultura nacional angolana.

El análisis de las exigencias planteadas en la Ley de Bases del Sistema de Educación y de las características del profesor que se requiere formar, demandan de la necesidad de profundizar en las concepciones acerca de la enseñanza, el aprendizaje y el proceso de enseñanza- aprendizaje en correspondencia con lo que se espera de él.

**El proceso de enseñanza-aprendizaje. Consideraciones generales**

El proceso de enseñanza-aprendizaje es un tema que ha sido y aún sigue siendo investigado por psicólogos, pedagogos y didactas, a nivel internacional: Klingberg, L. (1972); Danilov, M. y Skatkin, M. (1978); Leontiev, AN. (1982), Galperín, PA. (1986); Talízina, N. (1988), Gil, D. y De Guzmán, M.(1995); entre otros, específicamente en Cuba: Labarrere, G. y Valdivia, G. (1986); Álvarez de Zayas, CM. (1992); Ballester, S. (1992, 2000); Addine, F. (1998, 2004); Zilberstein, J. (1999); Silvestre, M. y Zilberstein, J. (2000; 2002); Castellanos, D., et al. (2001); González, AM., et al. (2002); Chávez, J., et al (2005); entre otros. A nivel de Angola se ha investigado por algunos como: Roegiers, X. (2007); Mateus, J. 2008); Zau, F. (2009); Quitembo, A. (2010); Dos Santos (2012); Wongo, E. (2015), entre otros, que han ofrecidos valiosos aportes a los fundamentos teóricos de este proceso.

Para este análisis, la autora asume que “La educación es un proceso planificado y sistematizado de enseñanza y aprendizaje, que se propone preparar de forma integral al individuo para las exigencias de la vida individual y colectiva” (Lei de Bases del Sistema de Educação e Ensino, 2016: 2).

En esta definición se expresa que la educación es un proceso dirigido a la formación integral del individuo en correspondencia a las exigencias de la sociedad y de manera implícita le otorga esa responsabilidad a la escuela, como institución encargada de reproducir los valores de la sociedad angolana.

En correspondencia con ello, se asumen los desafíos planteados a la educación, en el currículo de formación de profesores del primer ciclo de Enseñanza Secundaria, entre los que se encuentran:

“Modelos de enseñanza que coloquen la actividad constructiva de los alumnos y los procesos de crecimiento personal en el centro de la intervención pedagógica, fomentando metodologías activas e investigativas en las cuales los alumnos puedan ejercer el papel de sujeto en la búsqueda y utilización de la información, en el desarrollo de hipótesis y su aplicación, en la toma de decisiones y en el compromiso personal con las posiciones críticamente asumidas. […] Una perspectiva del desarrollo integrado de toda la persona, por la propia comprensión globalizadora del desarrollo, donde el conocimiento cognitivo (el saber), los contenidos morales y valorativos (saber ser y estar) y los procedimientos técnicos y éticos (el saber hacer y actuar) son entendidos como pilares de un mismo proceso formativo” (Ministério da Educação, 2004, p.28).

Los desafíos antes mencionados conducen a la asunción de la dialéctica- materialista como base filosófica de esta investigación y punto de partida para las restantes ciencias que fundamentan la estrategia didáctica, particularmente en la concepción dialéctico-materialista del desarrollo, la teoría del conocimiento y de la actividad.

En ese sentido adquiere importancia la categoría filosófica actividad considerada como "[...] modo de existencia, cambio, transformación y desarrollo de la realidad social [...] que deviene como relación sujeto-objeto y está determinada por leyes objetivas [...] Toda actividad está adecuada a fines, se dirige a un objeto y cumple determinadas funciones" (Pupo, R., 1990:27). Desde estas ideas puede platearse que en el proceso de apropiación de los conocimientos para la resolución de problemas, la teoría de la actividad desempeña una función fundamental y se concreta mediante la realización de acciones y operaciones que contribuyen a la asimilación consciente de los contenidos de enseñanza.

Desde el punto de vista sociológico se reconocen los principios de la sociedad angolana y de la Sociología de la Educación, se toma en consideración la concepción de la educación como fenómeno social basada en la preparación del hombre para la vida, para interactuar comunicativamente con el medio, transformándolo y transformándose a sí mismo, lo que revela la importancia del medio social en el desarrollo del individuo, su papel activo y su desarrollo en la socialización.

Es responsabilidad de la escuela como institución, reproducir los valores de la sociedad angolana, promover una actitud ética y responsable respecto a la manipulación de la resolución de problema, contribuir a la formación del futuro profesor de enseñanza primaria, fortalecer la superación profesional, la investigación científica, según las necesidades de los ciudadanos angolanos.

En lo psicológico, se asume el enfoque histórico-cultural de L. S. Vigotsky y sus seguidores Leontiev, Rubinstein, Galperin, Talizina y otros. Este enfoque es en esencia humanista y basado en el materialismo dialéctico. La zona de desarrollo próximo y la mediación pedagógica con tecnologías constituyen el punto de partida, teniendo en cuenta el diagnóstico de cada uno de los estudiantes y profesores, para el diseño y desarrollo de la formación, atendiendo a las diferencias individuales que permite ofrecer el apoyo necesario para estimular de forma dinámica el proceso de enseñanza-aprendizaje a partir del estado actual para llegar al estado deseado.

Las concepciones de Vigotsky sobre la psiquis humana, explican su génesis y evolución desarrolladora, la cual se interpreta en la dinámica del desarrollo armonioso e integral de la personalidad del estudiante, que se concibe y promueve como producto de su actividad y comunicación donde se concretan los procesos de interiorización y exteriorización que garantizan la apropiación activa y creadora de los elementos de la cultura (Bermúdez, R. y Pérez, LM. 2004).

Los cambios en la zona de desarrollo próximo se consideran elementos claves para el análisis cualitativo de un proceso de aprendizaje, que encuentra en la interacción socio-cultural un medio plausible para la interrelación cognitivo-afectiva.

Desde esta perspectiva es necesario  considerar que los estudiantes objeto de estudio se encuentran transitando por la adolescencia tardía. En esta etapa se consolidan una serie de cambios e integraciones desde lo social, lo psicológico y lo biológico.

Los adolescentes, se caracterizan por el rápido crecimiento, con el desarrollo de caracteres constitucionales que distinguen a los sexos y durante la cual ocurren importantes cambios físicos o corporales.

Se produce un rápido desarrollo del pensamiento abstracto y teórico, el tránsito a generalizaciones menos concretas de la realidad, que lo llevan a conceptos y juicios más complejos y a reflexiones más profundas. Los ideales son producto de la generalización de cualidades que aún no tiene y que aspira poseer. Su comportamiento está impregnado de sus impresiones emocionales, las relaciones humanas se sustentan en la simpatía o antipatía y surgen emociones contradictorias.

La apreciación del otro antecede a la de sí mismo, le sirve de apoyo y origen para conocerse y valorarse. La actividad de estudio es importante con el objetivo de encontrar su lugar en el grupo. El grupo se convierte en el medio directo de mayor influencia en la formación de la esfera moral, de sus puntos de vistas, sentimientos morales y cualidades fundamentales de la personalidad. Tiene la necesidad constante de participar en su grupo y ser aceptado por este. (Rodríguez, M.A, 2015)

Se reconoce la vigencia de las ideas de la Pedagogía angolana, expresada en la Ley de Bases del Sistema de Educación y en las Líneas Maestras, así como las ideas de pedagogos angolanos como, Roegiers, X. (2007); Sungo, S.(2007); Zau, F. (2009); Wongo, E. (2015); Chimbinda, P. (2015); Cassinela, E. (2015) y de manera particular la Metodología de la Enseñanza de la Matemática, que constituye una de las didácticas especiales en las que se concretan las leyes y principios generales establecidos en las ciencias pedagógicas y particularmente de la Didáctica.

En consecuencia, la autora de esta tesis asume la definición enseñanza como: "[...] aquella que centra su atención en la dirección del profesor de la actividad cognoscitiva, práctica y valorativa de los estudiantes y tiene en cuenta el nivel de desarrollo alcanzado por los estudiantes y sus potencialidades. El profesor como coprotagonista del proceso, es el responsable de la enseñanza y participa, desde sus saberes, en el enriquecimiento de los conocimientos, sentimientos, actitudes y valores de los estudiantes" (Castellanos, D., et al. 2001: 22).

El aprendizaje como: "El proceso dialéctico de apropiación de los contenidos y las formas de conocer, hacer, convivir y ser, construidos en la experiencia socio-histórica, en la cual se producen, como resultado de la actividad del individuo y de la interacción con otras personas, cambios relativamente duraderos y generalizables, que le permiten adaptarse a la realidad, transformarla y crecer como personalidad" (Castellanos, D., et al. 2001: 24).

La autora reconoce que las dos definiciones están muy relacionadas y evidencian las exigencias planteadas en los desafíos del proceso de enseñanza- aprendizaje en el currículo de formación de profesores, potencian los aprendizajes de los estudiantes, el papel del profesor como coprotagonista del proceso y el rol del grupo en la formación integral de la personalidad de los estudiantes.

En ese sentido, se asume en esta investigación, la definición de proceso de enseñanza-aprendizaje ofrecida por Castellanos, D., et al (2001), como "un proceso sistémico de mediación de la apropiación individual de la cultura que tiene lugar en la institución escolar en función del encargo social y de las particularidades y necesidades educativas de los educandos. Se organiza a partir de los niveles de desarrollo actual y potencial de los estudiantes y conduce el tránsito continuo hacia niveles superiores de desarrollo, con la finalidad de formar una personalidad integral y autodeterminada capaz de transformarse y transformar la realidad en un contexto socio- histórico concreto" (Castellanos, D., 2001:44).

Este proceso "[...] abarca dialécticamente las relaciones entre los reconocidos componentes (objetivo, contenido, método, medio, formas de organización y evaluación) como componentes mediatizadores de las relaciones entre los protagonistas (estudiante, profesor, grupo) y también incluye las relaciones que se establecen entre ellos" (Castellanos, D., 2001:44).

Esta definición caracteriza el objeto de estudio de esta investigación, ya que realza en este proceso, a los protagonistas, la interacción y comunicación entre ellos y coloca al estudiante en el centro del proceso a partir de las características de su personalidad, además destaca los aspectos que en la sociedad angolana, constituyen una necesidad para el desarrollo de la personalidad, en función del bien de la nación.

El estudio de la obra de los autores Álvarez de Zayas, C. (1992); Addine, F. (1998); Castellanos, D. et al (2001); Addine, F. et al (2004); entre otros, le permitió a la autora después de realizar profundas valoraciones en correspondencia con la situación actual del proceso de enseñanza-aprendizaje de la disciplina Matemática en la formación de profesores para la enseñanza primaria en la República de Angola, asumir en esta tesis los componentes de este proceso: estudiante, profesor, grupo, objetivo, contenido, método, medio, formas de organización y evaluación.

Se comparte lo planteado por Castellanos, D., et al (2001) al referir que el estudiante como protagonista del proceso, enfrenta el aprendizaje orientado a la búsqueda de significados y de problematización permanente, reflexiona, valora y controla su actividad, toma decisiones, conoce sus deficiencias, limitaciones, fortalezas y capacidades, analiza sus fracasos y sus éxitos en función de aprender, tiene expectativas positivas respecto a su aprendizaje, es parte activa de los procesos de comunicación y cooperación que tienen lugar en el grupo (Castellanos, D., et al 2001).

Esa misma autora refiere que el grupo constituye el espacio donde se producen los intercambios que favorecen tanto los inter-aprendizajes como la formación de importantes cualidades de la personalidad de los estudiantes (Castellanos, D., et al 2001). Desde el punto de vista didáctico se debe tratar de utilizar el espacio grupal como una herramienta de atención a la diversidad (entendido como el aprendizaje que el estudiante es capaz de desarrollar en interacción y colaboración con los demás estudiantes en la persecución de metas comunes).

El profesor como co-protagonista del proceso debe actuar como mediador indispensable entre la cultura y los estudiantes, orienta, promueve, estimula y controla el proceso de apropiación activa, creadora, reflexiva, significativa y motivada, para lo cual organizará situaciones de aprendizaje que amplíen la zona de desarrollo próximo y favorezcan el desarrollo de motivaciones intrínsecas para el aprendizaje.

*El objetivo* constituye "[...] el modelo del encargo social, son los propósitos y aspiraciones que durante el proceso, se van conformando en el modo de pensar, sentir y actuar del estudiante [...]" (Álvarez de Zayas, C. 1992: 18).

En esta definición se revela el carácter rector del objetivo con respecto al resto de los componentes, ya que constituye el componente del proceso de enseñanza- aprendizaje que mejor refleja el carácter social del proceso pedagógico y revela la imagen del hombre que se intenta formar en correspondencia con las exigencias sociales que compete cumplir a la escuela.

Los objetivos se redactan en términos de aprendizaje, en función de los estudiantes. Ellos se concretan en los estudiantes, que los interiorizan y para alcanzarlos necesitan aprender a resolver problemas; porque "[...] por medio de la resolución de problemas adquieren conocimientos, dominan habilidades y cultivan valores" (Álvarez de Zayas, C. 1992: 59).

En estricta dependencia con el objetivo, está el contenido, que "[...] es aquella parte de la cultura y experiencia social que debe ser adquirida por los estudiantes y se encuentra en dependencia de los objetivos propuestos" (Addine, F. 1998: 22). El contenido responde a ¿qué enseñar? ¿qué aprender? Exige la coordinación de los diferentes tipos de contenidos, en manifestación de su integridad para el logro de los objetivos generales, que los estudiantes aprendan a: conocer, hacer, convivir y ser.

En ese sentido, los cuatro pilares establecidos por Delors: aprender a conocer, aprender a hacer, aprender a ser y aprender a convivir, son asumidos en esta tesis de la manera siguiente.

Aprender a conocer, trasciende la simple adquisición de conocimientos para centrarse en el dominio de los instrumentos que permiten producir el saber, lo que supone aprender a aprender. Aprender a hacer, se pretende que el estudiante no solo adquiera una formación profesional, sino que adquiera habilidades y competencias que lo preparen para hacer frente a disímiles situaciones.

Aprender a convivir, se concreta en el desarrollo de la comprensión, la tolerancia, la solidaridad y del respeto a los otros. Aprender a ser, se concreta en la creciente capacidad de autonomía, de juicio, de responsabilidad, así como, en el desarrollo de su propia personalidad.

El método como "el componente director del proceso, representa el sistema de acciones de los estudiantes y el profesor, como vías y modos de organizar la actividad cognoscitiva de los estudiantes o como reguladores de la actividad interrelacionada de profesores y estudiantes, dirigidas al logro de los objetivos" (Colectivo de autores, 1993: 15).

En esta definición se revela *el modo* de desarrollar el proceso por los sujetos, es decir, el orden, la secuencia, la organización interna durante la ejecución de dicho proceso. Se refiere a cómo se desarrolla el proceso para alcanzar el objetivo, es decir el camino, la vía que se debe seguir para lograr el objetivo.

Los medios de enseñanza"[...] permiten la facilitación del proceso, a través de objetos reales, sus representaciones e instrumentos que sirven de apoyo material para la apropiación del contenido, complementando los métodos para la consecución de los objetivos" (Addine, F., et al. 2004: 76).

Los medios de enseñanza establecen una relación de coordinación muy directa con los métodos, responden a la pregunta ¿con qué enseñar y aprender? Son el soporte material de los métodos para la apropiación del contenido, en estricta dependencia de los objetivos propuestos y reveladores del aspecto interno del método, estos permiten potenciar el uso de las tecnologías de la información y la comunicación (TIC) en el proceso de enseñanza-aprendizaje de la disciplina Matemática.

El análisis realizado acerca de las TIC, permitió conocer que existen diferentes definiciones de este concepto, emitidos por autores como: Area, M. (1998, 2003), Cabero, J. (2003), Lima, S. (2005), Expósito, C. (2002) entre otros, de los que se asume el que expresa que "Las tecnologías de la información y las comunicaciones (TIC) conformadas por todos aquellos medios de comunicación y de tratamiento de la información que van surgiendo de la unión de los avances propiciados por el desarrollo de la tecnología electrónica y las herramientas conceptuales, tanto conocidas como aquellas otras que vayan siendo desarrolladas como consecuencia de la utilización de estas tecnologías y del avance del conocimiento humano" (Lima, S. 2005: 3).

En esta definición se revela que las TIC agrupan el conjunto de procesos y productos derivados de las nuevas herramientas (hardware y software), soportes de la información y canales de comunicación relacionados con el almacenamiento, procesamiento y transmisión digitalizados de la información.

El análisis de las investigaciones realizadas por los autores Castro, I. (1992); Kuabi, F. (2014); Rodríguez, J.B. (2003); Sousa, J. (2015); Púcuta, M. (2016), sobre la integración de las TIC, en el proceso de enseñanza-aprendizaje del Análisis Matemático, para la visualización, el dinamismo, la experimentación y la simplificación del cálculo, permiten a la autora de esta tesis, después de realizar profundas valoraciones sobre su importancia para la resolución de problemas matemáticos, asumir la inserción adecuada de programas informáticos en el proceso de enseñanza-aprendizaje de la disciplina Matemática, en el 12mo grado de la formación de profesores para la enseñanza primaria, ya que facilitan la elaboración y asimilación de conceptos fundamentales como los de límite de una sucesión, límite de una función en un punto, límites laterales, derivada de una función en un punto, así como, el análisis de su interpretación geométrica, resultan de gran ayuda en la elaboración del grupo de teoremas fundamentales del cálculo diferencial y en la resolución de ejercicios y problemas.

También facilitan en los estudiantes la participación activa en la construcción de su propio aprendizaje, la búsqueda de información, su interacción con la máquina, ofrece la posibilidad de recibir una atención individual por el profesor, de crear micromundos que le permiten explorar y conjeturar. Además, le permite el desarrollo cognitivo, el control del tiempo y secuencia del aprendizaje, así como la retroalimentación inmediata y efectiva y aprender de sus errores. Asimismo, favorece la utilización de metodologías que estimulen acciones colaborativas y socializadoras entre los estudiantes y profesores facilitando la resolución de problemas matemáticos en este proceso.

Las formas de organización como componente integrador del proceso de enseñanza-aprendizaje reflejan las relaciones entre los estudiantes, su grupo y el profesor, en la dimensión espacial y temporal del proceso (Castellanos, D., et al. 2001; Addine, F., et al. 2004). Su carácter integrador se evidencia en la manera en que se ponen en interrelación todos los componentes. Se deben caracterizar por ser flexibles, dinámicas, significativas y atractivas, para que garanticen la implicación del estudiante y fomenten el trabajo independiente en relación con el grupal.

Se considera la clase la forma fundamental de organización del proceso de enseñanza-aprendizaje de la disciplina Matemática en la formación del profesor para la enseñanza primaria. En consecuencia se asume la tarea como: "[...] aquellas actividades que se orientan para que el estudiante las realice en clases o fuera de esta, implican la búsqueda y adquisición de conocimientos, el desarrollo de habilidades y la formación integral de su personalidad" (Silvestre, M. y Zilberstein, J., 2004:38). Estos autores precisaron que deben ser variadas, pues deben existir actividades con diferentes niveles de exigencias que conduzcan a la aplicación del conocimiento en situaciones conocidas y no conocidas, diferenciadas, pues deben dar respuesta a las necesidades individuales de los estudiantes según su grado de desarrollo, suficientes, pues deben incluir un mismo tipo de acción en diferentes situaciones teóricas y prácticas, las acciones a repetir serán aquellas que promuevan el desarrollo de habilidades.

*La evaluación*, "es el componente que responde a la pregunta: ¿en qué medida han sido cumplidos los objetivos del proceso de enseñanza–aprendizaje? Es el encargado de regular el proceso [...]" (Addine, F., et al. 2004: 77).

Se debe caracterizar por ser holística, personalizada, contextualizada, como proceso y resultado, que permita valorar cualitativa y cuantitativamente los cambios que se producen en el aprendizaje, tiene funciones de diagnóstico, instructivas, educativas, desarrolladora y de control, debe transitar por formas como la heteroevaluación, coevaluación y la autoevaluación, que le sirva a los estudiantes para tomar conciencia de su aprendizaje y le permite al profesor determinar en qué medida el aprendizaje está promoviendo el crecimiento personal de los estudiantes y sobre esta base ajustar y rediseñar el proceso.

Las posiciones teóricas asumidas revelan la necesidad de hacer un análisis del proceso de enseñanza-aprendizaje de la disciplina Matemática en 12mo grado en la formación del profesor para la enseñanza primaria.

## 1.2 El proceso de enseñanza-aprendizaje de la disciplina Matemática en la formación de profesores para la enseñanza primaria

El estudio de la Matemática como ciencia, ofrece múltiples posibilidades al hombre para contribuir de manera decisiva al desarrollo multilateral de la personalidad.

El aprendizaje de la Matemática constituye un serio desafío; en la enseñanza persiste en no pocos casos, un enfoque tradicional centrado en el dominio de conceptos básicos y destrezas operativas que hacen que el estudiante sea un sujeto pasivo. Las acciones del profesor deben animar a que el estudiante pregunte, resuelva problemas y debata sus ideas, argumente, aplique estrategias para la búsqueda de soluciones.

En el mundo contemporáneo surgen múltiples reflexiones que convergen en afirmar que el proceso de enseñanza-aprendizaje de la Matemática debe orientarse a dotar a los estudiantes de herramientas del pensamiento que les permitan desarrollar una actividad intelectual cada vez más compleja. Pero contradictoriamente, a lo expuesto, se percibe una minimización de las funciones lógicas y analíticas, es decir, el nivel de complejidad mental involucrado en las acciones de aprendizaje se caracteriza por la inclusión de ideas aisladas.

Esta afirmación conduce a que en ocasiones "El aprendizaje escolar es concebido en términos de acumulación de conocimientos y experiencias, como ejercicio de memorización y repetición, mientras que el sujeto que aprende es visto como un receptor, almacén o reservorio" (Castellanos, D., et al. 2001:20).

En la actualidad se reconoce que los problemas asociados a la enseñanza-aprendizaje de la Matemática son muy complejos, situación esta que en la formación de profesores no parece ser una excepción. Este reconocimiento redimensiona el papel del docente que se desempeña en los centros formadores, lo compromete con la función social de estas instituciones y lo induce a aprovechar el potencial de esta disciplina como herramienta intelectual primordial para dar respuesta a un sin número de intereses y problemas de la ciencia y del entorno.

"Aprender conforma una unidad con enseñar. A través de la enseñanza se potencia no sólo el aprendizaje sino el desarrollo humano siempre y cuando se creen situaciones en las que el sujeto se apropie de las herramientas que le permitan operar con la realidad y enfrentar al mundo con una actitud científica, personalizada y creadora" (Addine, F., et al. 2004: 10).

Para ello no debe ocurrir que el proceso de enseñanza-aprendizaje, se centre en el profesor, sin atender con carácter diferenciado a cada uno de los estudiantes, porque se limitan las posibilidades de confrontar diferentes puntos de vista a partir de sus valoraciones, con la finalidad de contribuir a la formación de juicios y razonamientos que permitan su transferencia a nuevas situaciones.

En ese sentido Parra, I. plantea que "El aprendizaje que comprende una organización significativa de experiencias puede ser transferido con mayor facilidad que el aprendizaje adquirido mecánicamente" (Parra, I. 2002:37).

El campo de aplicación de las matemáticas se amplía constantemente. Los problemas típicos que dieron origen al cálculo comenzaron a plantearse en la época clásica de Grecia (siglo III a.C.), pero no se encontraron métodos sistemáticos de resolución hasta 20 siglos después, en las obras de Newton y Leibniz (siglo XVII), como un medio para estudiar los problemas en que intervenía el movimiento.

Una descripción rigurosa del movimiento requiere definiciones precisas de velocidad y de aceleración. Estas definiciones pueden darse usando uno de los conceptos fundamentales del cálculo: el límite y la derivada, que tienen muchas aplicaciones y son herramientas de cálculo fundamental en los estudios de otras ciencias que tienen a la

Matemática como base entre ellas: Física, Química y Biología, o en otras ciencias sociales como la Economía o la Sociología (Jiménez, M.H. 2013).

La enseñanza de la Matemática posee una amplia historia, desde tiempos remotos se considera como una disciplina necesaria para la preparación de las nuevas generaciones, básicamente para aportar al desarrollo del pensamiento.

Esta situación se mantuvo cuando las disciplinas Matemáticas formaron parte de las siete artes liberales en la época medieval y continúa en la escuela moderna en que entre los objetivos de la Matemática aparece, en primer lugar, el desarrollo del pensamiento lógico.

Dado este objetivo central, se entiende el papel especial que desempeñaron los problemas en la disciplina de Matemática, ya que se comprende la resolución de problemas, como una de las actividades básicas del pensamiento.

Ante esta situación resulta interesante reflexionar en la búsqueda de una solución, pues como se sabe, existe una relación importante entre la forma que se lleva a cabo el proceso de enseñanza-aprendizaje de la resolución de problemas y dicha problemática. En efecto, las dificultades detectadas requieren, dada su importancia, de una intervención didáctica adecuada al marco de la enseñanza de la Matemática.

Al enfrentar la reforma educativa en Angola, los contenidos de los programas de estudio de la disciplina Matemática, se modifican buscando la utilidad de los mismos desde el punto de vista formativo e informativo.

Estas transformaciones tienen su fundamento en la necesidad de que los contenidos deben ser adaptados a las necesidades de la sociedad, revisados periódicamente y rápidamente modificados; por la necesidad del equilibrio entre lo que el estudiante recibe en la sala de clase y lo que necesita el medio social donde se desarrolla, el cual aspira a que todo lo que el estudiante reciba, sepa en qué aspecto de la práctica social lo pueda aplicar (Lei de Bases do Sistema de Educação, 2001).

En ese sentido, en el programa de la disciplina Matemática en 12mo grado de la formación de profesores para la enseñanza primaria, se plantean cuatro unidades que abordan de manera general las sucesiones numéricas, límite de sucesiones y de funciones de una variable real y el cálculo diferencial, que posibilitan al futuro profesor dominar mejor la ciencia Matemática y los contenidos que el mismo tendrá que enseñar, muy particularmente, la resolución de problemas relativos al contexto de cada grado.

El proceso de enseñanza-aprendizaje de la disciplina Matemática en 12mo grado de la formación del profesor de enseñanza primaria en la República de Angola debe contribuir a:

- La formación de la concepción científica del mundo, a partir de la modelación de los fenómenos y procesos que en él se manifiestan o se pueden manifestar con el fin de interpretarlos, valorarlos y representarlos.
- La formación profesional de los estudiantes, para lo cual debe trabajarse en función de lograr la independencia cognoscitiva, el desarrollo de un pensamiento lógico y flexible que propicie dar soluciones originales a problemas académicos y de la práctica pedagógica, así como, la labor de los docentes como modelo de actuación pedagógica.

A ello se puede contribuir, profundizando en cómo se analiza el trabajo con los problemas matemáticos, pues se requiere que el estudiante exceda el límite de la dependencia directa con respecto a los materiales didácticos (aquellos capaces de traducir o sugerir ideas matemáticas) para analizar un problema, lo que implica: un análisis estructural para determinar el contenido objetivo del problema (magnitudes, variables, objetos, etc), un análisis cualitativo para examinar las características o condiciones del problema y las relaciones entre las magnitudes, y también, un análisis operacional para considerar los pasos, acciones u operaciones que se deben ejecutar para resolverlo. Lo importante es establecer relaciones coherentes entre las mismas a manera de identificar los elementos estructurales del problema, las causas y efectos de la situación del problema y los principios y conceptos que se deben incorporar para resolverlo.

En la disciplina Matemática en 12 grado, al abordarse el contenido se tendrá en cuenta las posibilidades para la ejercitación, el repaso, la sistematización y la profundización del saber y poder adquiridos. La profundización no solo debe verse dentro de la propia Matemática sino además estableciendo siempre que sea posible el vínculo interdisciplinario.

Desde el punto de vista didáctico, el establecimiento de las relaciones interdisciplinarias contribuye a una mejor comprensión holística del proceso de enseñanza-aprendizaje de la Matemática, lo que se manifiesta en el establecimiento de nexos con los sistemas de conocimientos de las disciplinas Física e Informática, entre otras, en la resolución de ejercicios y problemas relacionados con ellas, con otras ciencias e innumerables aspectos prácticos de la vida diaria como son: en la industria, en el comercio, en la tecnología y otras; por lo que la enseñanza de estos contenidos debe hacerse desde posiciones interdisciplinares.

Fiallo, J. (1996), Valcárcel, N. (1998), Caballero, C. (2000), Perera, F. (2000), Salazar,

D. (2001) y Álvarez, M. et al. (2004) definieron el concepto de interdisciplinariedad y realizaron propuestas para su concreción en las diferentes disciplinas. Se asume por interdisciplinariedad la definición de Álvarez, al concebirla como "un atributo del método que permite enfocar la investigación de problemas complejos de la realidad a partir de formas de pensar y actitudes *sui generis*, asociadas a la necesidad de comunicarse, conjeturar y evaluar aportaciones, plantear interrogantes, buscar marcos integradores y contextualizar y englobar los resultados alcanzados en un conjunto más o menos organizado" (Álvarez, M., et al. 2004:6).

Se considera, según Jiménez, H. (2000), como punto de partida, para el proceso de enseñanza-aprendizaje de la disciplina Matemática en 12mo grado el dominio de los conceptos y sus definiciones, proposiciones, teoremas, métodos y procedimientos, reflexiones y aplicaciones de ellos, el análisis de las condiciones necesarias, suficientes y, necesarias y suficientes como rasgo característico, de ahí la necesidad de hacer reflexiones sobre estos.

Por otra parte, Ballester et al, expresa que "[...] los conceptos son una categoría especial en la enseñanza de la Matemática, pues constituyen la forma fundamental con que opera el pensamiento matemático" (Ballester, S. et al, 1992: 280). En este planteamiento se revela la importancia de la elaboración de los conceptos y sus definiciones en la enseñanza de la matemática, ya que es fundamental para la comprensión de las relaciones matemáticas y premisa para el desarrollo de la capacidad de aplicar lo aprendido de forma segura y creativa.

Se entiende por concepto "[...] el reflejo de una clase de individuos, procesos, relaciones de la realidad objetiva o de la conciencia (o el reflejo de una clase de clases) sobre la bases de las características invariantes" (Ballester, S., et al. 1992: 281); por definición "[...] el reflejo verbal de la clase de individuos procesos y relaciones, sobre la base de sus características invariantes" (Ballester, S., et al. 1992: 281). El concepto se obtiene primero, la definición después.

En el proceso de elaboración de conceptos y definiciones desempeña un rol importante el proceder didáctico, a partir de su tratamiento por vía inductiva (de lo particular a lo general) o por vía deductiva (de lo general a lo particular). En la disciplina Matemática en 12 grado es factible la utilización de cualquiera de estas vías, pero estará en dependencia de las características del concepto del que se trate y del tipo de pensamiento a desarrollar en los estudiantes (pensamiento inductivo o deductivo).

En este sentido se debe seguir profundizando, pues si bien existe un consenso general de cuándo se deben utilizar estas vías para lograr un proceso de enseñanza-aprendizaje efectivo, resulta oportuno destacar la importancia de concebir una enseñanza cada vez menos formal, repetitiva y memorística.

Las proposiciones (teoremas) y las demostraciones contribuyen a lograr una comprensión cabal de la estructura lógica de la ciencia matemática, también contribuyen a la asimilación consciente de sus métodos de trabajo y a elevar el interés por los resultados que se obtienen. Por proposiciones se entienden aquellas ideas expresadas mediante frases gramaticales que tienen la propiedad de ser verdaderas o falsas. Las proposiciones matemáticas verdaderas son axiomas o teoremas matemáticos; su distinción radica en que los axiomas son verdades irrefutables que no necesitan ser demostradas, mientras que los teoremas sí.

En el tratamiento de los teoremas es muy importante dado que en la disciplina Matemática en 12mo grado el contenido se sustenta teóricamente en definiciones y teoremas. Es por ello que la autora de esta tesis, considera necesario hacer algunas precisiones teóricas acerca del trabajo con los teoremas, pues de ellos se derivan métodos de trabajo que facilitan la resolución de ejercicios y problemas.

La búsqueda del teorema tiene un alto valor didáctico, dado que exige de la utilización de procedimientos heurísticos de trabajo y despertar la motivación por la necesidad de la demostración, además tiene como efecto secundario el recurso para recordar el enunciado exacto del teorema. En el proceso de obtención se puede utilizar la vía de la deducción (aplicando reglas de inferencia lógica) o la vía de la reducción (aplicando analogías, inducción incompleta, mediciones y comparaciones sistemáticas).

Jiménez, H. (2000) establece la relación entre el concepto y los teoremas al considerar a estos últimos como condición necesaria o suficiente para la pertenencia o no de un objeto a la clase definida por este concepto. A su vez considera, en el grupo de las condiciones suficientes a los conceptos. Criterios que se asumen en esta investigación.

Al respecto, el contenido relativo a las funciones reales debe ser abordado desde la óptica de la sistematización, teniendo en cuenta que ya fueron abordados en los grados anteriores, resaltando las diferentes clases: lineales, potenciales, racionales, exponenciales, logarítmicas, trigonométricas, junto a sus propiedades y representaciones gráficas apoyados en el programa informático DERIVE y GeoGebra.

La sistematización, vista como vinculación entre la materia ya conocida y la nueva, como apropiación sistemática de la nueva materia, dirigida a establecer nexos y relaciones entre los conocimientos y a destacar lo esencial (Ballester, S. et al 1992).

Los contenidos relativos a sucesiones constituyen una base para el desarrollo del cálculo diferencial e integral, así como de los problemas de convergencia que se estudian en $R$. El concepto central que se introduce es precisamente el concepto de límite de una sucesión.

El estudio de las sucesiones numéricas es propedéutico en relación con el tema límite de funciones; por ello, su tratamiento debe constituir el enlace entre las funciones y la formalización del concepto de aproximación en el sentido de "infinitamente próximo" aplicado al estudio del comportamiento local y global de funciones. El concepto de sucesión convergente formaliza la aproximación mediante el objeto sucesión numérica. En este sentido, se deben aprovechar las potencialidades de los programas informáticos para mostrar los procesos infinitos de aproximación hacia un valor de las sucesiones.

El contenido relativo al límite y la continuidad de funciones reales debe ser abordado desde la óptica de la sistematización resaltando la construcción del sistema conceptual del límite basado en el concepto y las propiedades de las sucesiones convergentes. Para el caso de la continuidad de funciones se basará en el sistema conceptual del límite.

Se debe considerar el límite y la continuidad de una función como conceptos que imponen condiciones a una función que pueden satisfacer en mayor medida situaciones de la práctica, por ejemplo procesos inestables de producción semanal, por ello es vital para la disciplina que se trabajen mediante la utilización del principio de analogía partiendo de las sucesiones convergentes.

El uso de los programas informáticos DERIVE y GeoGebra facilitan la elaboración y fijación de conceptos fundamentales como los de límite de una función en un punto, límite al infinito y límites laterales, así como el análisis de la continuidad, entre otros aspectos.

La derivación de funciones reales, es uno de los contenidos esenciales, que tiene muchas aplicaciones, entre estas están el trazado de curvas y sus tangentes, la velocidad de una partícula, la intensidad de la corriente y la densidad de masa.

Se debe considerar que el estudio de la derivación de funciones reales, posibilita retomar los contenidos relativos al límite y la continuidad de funciones y analizar nuevamente esta teoría para enriquecerla y resolver aquellos problemas que no tenían solución con los procedimientos de estas, por lo que deben ser abordados desde la óptica de la sistematización. Se estudian aplicaciones de la derivada en la vida cotidiana y otras ciencias.

Las potencialidades de los programas informáticos DERIVE y GeoGebra permiten mostrar cómo las secantes se acercan a una posición límite (tangente a una curva en un punto) en el análisis de la interpretación geométrica de la derivada de una función en un punto.

Las situaciones anteriores exigen de la aplicación de enfoques integradores al abordar el contenido. En este sentido existen diferentes concepciones, que van desde construir una visión unitaria de la realidad a partir de las diferentes disciplinas, hasta la sustitución de estas por una Ciencia Integrada. La integración se puede lograr a través de la coordinación, combinación o la propia integración de contenidos. Estos enfoques demuestran una diversidad de criterios para lograr la integración de contenidos en el proceso de enseñanza aprendizaje de la Matemática, pero no muestran explícitamente cómo lograr con éxito dicho proceso.

El análisis crítico del proceso de enseñanza-aprendizaje de la Matemática en 12mo grado de la formación del profesor de la enseñanza primaria IMNE y del programa de la disciplina, reveló que es un objetivo esencial preparar al estudiante, para la dirección del proceso de enseñanza-aprendizaje de la Matemática en la enseñanza primaria, particularmente la resolución de problemas, evidenciando que:

- ✓ El profesor debe en todas las unidades dar a los estudiantes ejercicios asequibles partiendo de lo simple a lo complejo, una vez que los contenidos de este grado no son de tan fácil comprensión.
- ✓ Resulta indispensable que el profesor diagnostique dificultades y potencialidades en el aprendizaje y sobre la base de ellas, conciba estrategias de enseñanza compensadoras.

Es oportuno señalar que en todos los escenarios, este tema es de obligado debate, aunque a juicio de la autora, aún resulta limitada la orientación del diagnóstico del aprendizaje, para determinar, fundamentalmente, las potencialidades de los estudiantes.

- ✓ El profesor debe actuar como mediador en el proceso de desarrollo de los estudiantes, para ello la función fundamental es garantizar las condiciones y las tareas necesarias y suficientes, para propiciar el tránsito gradual del desarrollo desde niveles inferiores hacia niveles superiores.
- ✓ El uso de señales y símbolos de los distintos contenidos en este grado deben ser debidamente aclarados por los profesores y asimilados por los estudiantes por lo

que resulta importante la creación de una atmósfera de confianza, seguridad y empatía en el grupo.

- ✓ Se deben planificar situaciones de aprendizaje basadas en problemas reales, significativos, que favorezcan el desarrollo de motivaciones intrínsecas.

La motivación intrínseca se debe lograr en los estudiantes, con vistas a resolver los ejercicios propuestos, lo que constituye un reto que el profesor debe vencer, por la incidencia que este aspecto tiene en los resultados del aprendizaje. La necesidad objetiva de asignar un nuevo rol al profesor, para que actúe como mediador y facilitador del aprendizaje, exige de una preparación que le permita proponer ejercicios que realmente motiven su realización.

De lo que se trata entonces es que, mediante el proceso de enseñanza-aprendizaje la disciplina Matemática en 12mo grado se desarrolle el pensamiento matemático, el pensamiento lógico, la formalización y aplicación de conceptos y más que esto se desarrollen habilidades en la resolución de problemas, a partir del análisis de las funciones y sus propiedades, así como de los procesos que se modelan e interpretan apoyados en las funciones. El estudiante deberá poseer sólidos conocimientos que lo lleven a dominar la ciencia matemática y los prepare para la dirección del proceso de enseñanza-aprendizaje de la Matemática en la enseñanza primaria, particularmente la resolución de problemas.

La enseñanza, el aprendizaje, el desarrollo y la educación son categorías que se encuentran estrechamente relacionadas entre sí, se entiende esta última en su sentido amplio, como "un conjunto de actividades y prácticas sociales mediante las cuales, y gracias a las cuales, los grupos humanos promueven el desarrollo personal y la socialización de sus miembros y garantizan el funcionamiento de uno de los mecanismos esenciales de la evolución de la especie: la herencia cultural" ( Zilberstein, J y Portela, R.2002: 26).

Concebir la enseñanza y el aprendizaje de manera tal que se tenga en cuenta su efecto en el desarrollo del estudiante, favorece la formación de cualidades de la personalidad que les permitan, además de su adaptación a los constantes cambios que se operan, transformar creadoramente la sociedad en que viven.

La enseñanza de la Matemática en los currículos de la formación de los profesores para la enseñanza primaria, desempeña un rol determinante en los momentos actuales. El acelerado desarrollo tanto científico-técnico como social, demanda de esta disciplina, la preparación de las nuevas generaciones para que puedan vivir en estos tiempos complejos no como simples espectadores, sino como agentes activos de los procesos de cambio.

Para que esta aspiración se convierta en realidad, las instituciones encargadas de la formación de profesores, no pueden estar ajenas a los recientes descubrimientos científicos por lo que ellos significan en el desarrollo de la sociedad en el ámbito internacional. Tampoco a los profundos cambios económicos y sociales que se producen en Angola, especialmente los que se operan en el ámbito educacional.

Los cambios que se producen dan lugar a que "[...] a los docentes e investigadores en Educación Matemática, se les plantea como problemática universal la de encontrar vías que garanticen un adecuado aprendizaje de las Matemáticas que les permita a las generaciones venideras enfrentar los retos y resolver los múltiples problemas a los que tendrá que buscar soluciones" (Llivina, M. 1999:1).

Schonfeld, A.H (1991) refiere que la responsabilidad fundamental del profesor de Matemática es la de enseñar a los alumnos a pensar, por lo que entre los objetivos de su enseñanza se destaca el aporte que debe ofrecer esta disciplina al desarrollo del pensamiento.

Conviene destacar que según el criterio de muchos investigadores realmente, el énfasis durante el perfeccionamiento del proceso de enseñanza- aprendizaje, se destina a lo relacionado con la adquisición de conocimientos y no al desarrollo de los procesos lógicos que favorecen el desarrollo del pensamiento.

En general, las variadas situaciones que los estudiantes deben resolver como demandas propias de la Matemática, generan por sí solas contradicciones, que requieren de la realización de renovadas acciones para alcanzar el producto final o resultado. Los problemas matemáticos simbolizan una de estas situaciones donde se evidencia esta afirmación.

Los problemas constituyen uno de los recursos didácticos más empleados en el proceso de enseñanza-aprendizaje, no solamente en la Matemática, sino en las restantes ciencias, por considerarse uno de los aspectos más efectivos para promover y fortalecer el conocimiento científico.

En el contexto de educación matemática, un problema, estimula el trabajo mental y proporciona al estudiante la motivación por el descubrimiento de la solución, en este sentido, hacerlo interesarse por la Matemática, de modo que al intentar resolver puedan descubrir hechos nuevos y encontrar varias vías de resolver el problema, despertando la curiosidad y el interés por los conocimientos matemáticos y así desarrollar la capacidad de solucionar las situaciones propuestas en cualquier circunstancia.

La resolución de problemas es una importante contribución para el proceso de enseñanza-aprendizaje de la Matemática en 12mo grado, la cual crea en el estudiante la capacidad de desarrollar el pensamiento matemático y el modo de actuar no restringido a ejercicios rutinarios que valoran el aprendizaje por reproducción o imitación, visto que estos estudiantes tienen que aprender para también enseñar.

## 1.3 Concepciones acerca de la resolución de problemas matemáticos en la disciplina Matemática en la formación de profesores para la enseñanza primaria

La importancia de la resolución de problemas está en "posibilitar a los estudiantes activar conocimientos y desarrollar la capacidad para direccionar las informaciones que están a su alcance dentro y fuera de la sala de aula. Así, los estudiantes tendrán oportunidades de ampliar sus conocimientos acerca de conceptos y procedimientos matemáticos bien como del mundo en general y desarrollar su autoconfianza" (Schoenfeld, A. 1991:28).

Según Dante, L. (2011), "[...] es posible por medio de la resolución de problemas desarrollar en el estudiante iniciativa, espíritu explorador, creatividad, independencia y la habilidad de elaborar un racionamiento lógico y hacer uso inteligente y eficaz de los recursos disponibles, para que él pueda proponer buenas soluciones a las cuestiones que surgen en su día a día, en la escuela o fuera de ella" (Dante, L. 2011:23).

En ese sentido, Rebollar, A. (2000) al igual que otros investigadores del tema sobre la enseñanza y el aprendizaje de la matemática y particularmente de la resolución de problemas matemáticos expresa que, "[...] el objeto de la enseñanza de la matemática no se restringe a los conceptos, propiedades, relaciones, procedimientos que caracterizan su aparato teórico como ciencia formal, comprende especialmente los problemas de la matemática, de otras ciencias y de la práctica social, en general, que justifiquen y posibilitan el desarrollo y crecimiento teórico y práctico, conjuntamente con los modos de actuación que preparan el sujeto en un contexto social para plantearse y resolver los problemas" ( Rebollar, A. 2000:5).

Los planteamientos anteriores revelan la importancia de la resolución de problemas en el proceso de adquisición de los conocimientos matemáticos. Por esta razón, la capacidad de desarrollar las técnicas y estrategias para su resolución se convierte en el centro de enseñanza y aprendizaje de la matemática en la época actual.

**Conceptualización de los términos problema y resolución de problemas**

Estas definiciones son complejas y fueron enfocadas desde distintos enfoques (filosófico, psicológico, pedagógico, didáctico y matemático) por distintos autores: la bibliografía consultada hace que la autora asuma posiciones que posibiliten realizar un análisis en función de sistematizar los elementos del proceso de enseñanza-aprendizaje que evidencian la resolución de problemas.

Polya, G. en su libro "Methematical Discovery", expresó: "Problema es la búsqueda consciente, con alguna acción apropiada, para lograr una meta claramente concebida pero no inmediata de alcanzar" (Polya, G. 1965). Desde ahí hasta la actualidad, varios autores abordan el concepto de problema.

A nivel internacional se destacan los aportes de: Rubinstein, S.L (1977); Leontiev, A.N (1982); Majmutov, M. (1983); De Guzmán, M. (1983); Schoenfield, A. (1985, 1991); Antibi, A. (1990); De Bofil, Flores y Rodríguez, (1995); Silveira (2002); entre otros. En Cuba, se destacan los resultados de trabajos de investigación de; Labarrere, A. (1988);

Ballester, S., et al (1992); Torres, P. (1993); Campistrous, L. y Rizo, C. (1996, 2013); Llivina, M. (1999); Rebollar, A. (2000); Ferrer, M. (2000); González, D. (2001); Suárez, C. (2004); Ron, J. (2007); entre otros. En Angola, solo se identifican Vila, A. (2004); Callejo, M.L. (2006) y Das Dores, J. (2014); Fazenda J. A. (2014). Las referencias utilizadas, en Angola, generalmente se localizan en textos publicados procedentes de Brasil y Portugal.

Desde el punto de vista matemático existen varias definiciones del término problema, tal es el caso del Dr. Ballester, quien refiere que "Un problema es un ejercicio que refleja determinadas situaciones a través de elementos y relaciones del dominio de la ciencia a la práctica, en el lenguaje común y exige de medios matemáticos para su solución. Se caracteriza por tener una situación inicial (elementos dados, los datos) conocidos, y una situación final (incógnita, elementos buscados) desconocida, mientras que su vía de solución se obtiene con ayuda de procedimientos heurísticos" (Ballester S., et al. 1992:407).

Por su parte De Guzmán plantea que "Problema es la búsqueda consciente, con alguna acción apropiada, para lograr una meta claramente concebida. Una situación desde la que se quiere llegar a otra y no se conoce el camino que puede llevar de una a otra" (De Guzmán, M. 1994:12). Mientras que De Bofill expresa que "Son situaciones matemáticas provenientes de diversos campos del conocimiento y que plantean alguna interrogante que no haya sido resuelta por el sujeto específico que la enfrenta" (De Bofil, A., Flores, H. y Rodríguez, M.1995).

Campistrous, L. expone que "Se denomina problema a toda situación en que hay una situación inicial y una exigencia que obliga a transformarlo. La vía tiene que ser desconocida y el individuo quiere hacer la transformación" (Campistrous, L. y Rizo, C., 1996:1). Llivina, M. plantea que "Un ejercicio es un problema si y sólo si la vía de solución es desconocida por la persona" (Llivina, M. 1999: 48).

Silveira, P. (2002), refiere que "[...] un problema matemático es toda situación que requiere el hallazgo de informaciones matemáticas desconocidas para la persona que intenta resolverlo y/o la invención de una demostración de un resultado matemático dado. Lo fundamental es que el resolutor conozca el objetivo a llegar, pero solo estará enfrentando un problema si él aún no tiene los medios para alcanzar tal objetivo" (Silveira, P. 2002:31).

Para el Dr. Ron "Un problema es toda situación en la que hay un planteamiento inicial y una exigencia que obliga a transformarlo, la vía de solución es desconocida y el estudiante posee los saberes relativos a la exigencia o es capaz de construirlos" (Ron, J. 2007:26).

En las definiciones analizadas, se destaca que un problema matemático es una situación para la cual el individuo que se enfrenta a ella, no posee un algoritmo que le permita obtener de manera inmediata una solución.

La autora de la tesis asume la definición de Ron Galindo, porque en ella se revela como característica además del planeamiento inicial que caracteriza un problema, el desconocimiento de la vía y la exigencia de transformarlo para resolverlo, destaca que para llegar a la solución el estudiante ha de poseer los saberes relativos a la exigencia planteada y si no los posee, construirlo para llegar a solucionarlo lo que refleja que todo problema puede ser resuelto teniendo los conocimientos, las herramientas necesarias para ello.

Resulta importante destacar el carácter investigativo que se pone de manifiesto durante el proceso de resolución de problemas. Es por ello que resulta pertinente, precisar qué se entiende por resolver un problema.

El análisis crítico de la bibliografía consultada permitió a la autora declarar que la resolución de problemas ha constituido a lo largo de la historia un factor decisivo para el desarrollo de la especie humana, a pesar de esto, la preocupación por enseñar a resolver problemas no ha sido siempre un aspecto relevante para la enseñanza de la Matemática en la escuela. Predominó durante siglos aprender a resolver problemas por imitación, es decir, viendo resolver problemas e imitando las actitudes y el proceder del que lo resuelve y no la preocupación por enseñar a resolver problemas o por analizar los procedimientos de solución.

La actividad de resolver problemas tuvo su inicio con los filósofos griegos que la practicaban como una forma de ejercitar el pensamiento filosófico de "pensar sobre el pensamiento". Sócrates afirmaba que para resolver un problema bastaba hacer una secuencia lógica de preguntas.

Descartes, quien según De Guzmán, M. (2001), se manifiesta como un excelente ascendiente de Polya, G. al examinar a fondo las cuestiones relativas al pensamiento eficaz, sobre todo en las indagaciones matemáticas expresadas en sus obras: "Reglas para la dirección del ingenio" y "El discurso del método", aportó también importantes ideas, él ve el proceso de resolución de problemas en tres fases donde en la última fase plantea que se debe reducir cualquier problema a un problema algebraico, a juicio de la autora no siempre es posible reducir cualquier problema a un problema algebraico.

En la primera década del siglo XX Poincaré, "en su Science et Méthode distingue cuatro fases dentro del acto creativo: saturación (actividad consciente que implica trabajar con el problema hasta donde sea posible), incubación (el subconsciente es el que trabaja), inspiración (la idea surge repentinamente como un "flash"), y verificación (chequear la respuesta hasta asegurarse de su veracidad)" (Cruz, M. 2002:18).

La autora pudo concretar que durante toda esta etapa los que realizaron aportes en este campo de la ciencia no tenían como propósito enseñar a resolver los problemas, se concentraban en determinar un algoritmo, que pudiera servir para resolver cualquier problema.

La historia moderna de la enseñanza de la resolución de problemas comienza con la publicación en 1944 de "How to solve it?" de George Polya (1887-1985) exponiendo sus ideas sobre la heurística de resolución de problemas. Polya fue considerado uno de los mayores matemáticos del siglo XX. Fue el primero en presentar una heurística de resolución de problemas específica para la matemática y el uso de estrategias en la resolución de problemas, de esta forma se pone en el centro de atención el enseñar a resolver problemas y no solamente la utilización de los problemas como una forma de ejercitación de contenidos matemáticos específicos.

Los trabajos de Polya, sobre resolución de problemas, cambian la visión escolar de la Matemática como algo ya terminado, a algo vivo que puede ser abordado en el salón de clases si se presta la atención necesaria a la enseñanza de ciertas estrategias y a la formación de puntos de vista adecuados en estudiantes y profesores.

En efecto, las estrategias de Polya se convirtieron en la preocupación fundamental. De esta forma, por una parte se dejaron de atender aspectos fundamentales de la subjetividad de los estudiantes, como son entre otros su situación personal, su contexto, su desarrollo, así como se ignoraron las relaciones sociales en las que está envuelto el estudiante en el proceso y que incluyen un conglomerado social mucho más rico que el que se reduce al profesor. Pero lo que más dificultó el proceso fue la utilización de las estrategias en la resolución de problemas con los métodos tradicionales de enseñanza tratando falsamente de buscar la comprensión por el exceso de explicación y no mediante los procesos del pensamiento.

Según Dr. Ron, en su obra doctoral, la resolución de problemas en Cuba tiene un repunte a finales de la década del 70 del siglo pasado, las causas de tal situación las planteó Álvarez J, al señalar que "[...] con el rechazo de la Matemática Moderna y la vuelta hacia lo básico, cuando se comprendió que dominar lo fundamental no era suficiente si se entendía por tal el énfasis en los ejercicios y en la repetición, el dominio de los algoritmos y las operaciones básicas pues los estudiantes tenían que ser capaces de pensar matemáticamente y de poder resolver problemas más complejos" (Álvarez, J. 1991, s/p).

Desde la década de los 90 hasta la actualidad los trabajos que se dirigen al proceso de enseñanza-aprendizaje de la resolución de problemas se exponen, entre otros, por Gil, D. (1995) en España desde el área de las ciencias; Santos Trigo (1997), en México, desde la Matemática; Godino, J D. (1993) en España, Brousseau, G. (1998) en Francia, a partir de la utilización de métodos productivos; De Guzmán, M. (2009) en España, con la utilización de una enseñanza más participativa, el uso de los juegos y el trabajo en grupos.

Pero el desarrollo de los trabajos iniciados por Polya, G. (1965) se corresponde fundamentalmente con los trabajos del matemático norteamericano Schöenfeld, A. (1985) quien resalta el aspecto metacognitivo de la actividad y complementa los aportes de Polya. Al respecto Rebollar, A. plantea "[...] son significativos los trabajos de Schöenfeld, A. (1985) sobre la preparación de los estudiantes para resolver problemas, donde determina diversos factores que intervienen en la realización exitosa de esta actividad: los recursos (cuerpo de conocimientos que un individuo es capaz de aplicar en una situación matemática en particular), la heurística (reglas de razonamientos para la resolución efectiva de problemas), el control (es la revisión y reestructuración de los intentos que se realizan en la resolución de problemas) y el sistema de creencias (las ideas que se tienen acerca de la matemática y cómo resolver problemas)" (Rebollar, A. 2000:16).

El movimiento a favor de la enseñanza de la resolución de problemas, en Angola, comienza con la primera reforma del sistema educativo. Actualmente constituye un objetivo fundamental de la enseñanza de la disciplina, sin embargo esta no es una práctica cotidiana de los profesores por la falta de preparación que poseen.

La autora reconoce, que hoy es más necesario que en cualquier período histórico precedente cambiar la situación que persiste en la enseñanza de la Matemática que no contribuye a que en las aulas, principalmente en Angola, los estudiantes aprendan a resolver problemas.

**Principales tendencias de la resolución de problemas en el proceso de enseñanza-aprendizaje de la Matemática**

La sistematización realizada por la autora a partir de la consulta de las obras de Campistrous, L. y Rizo, C. (1996); Vilanova, (1999); Gaulin, C. (2001); entre otras y de las tesis doctorales de Delgado, J.R (1999); Llivina, M. (1999); Jiménez, H. (2000); Ferrer, M. (2000); Rebollar, A. (2000); Alonso, I. (2000); Ron, J. (2007); Fazenda, JA. (2014) entre otros le permitió a la autora asumir las tendencias más importantes identificadas en la llamada enseñanza de los problemas, estas son: la enseñanza problémica, la enseñanza por problemas, la enseñanza basada en problemas y la enseñanza de la resolución de problemas.

**La enseñanza problémica** cuyas referencias básicas se encuentran en la obra de Majmutov, M.I. (1983) "Enseñanza Problémica", en los trabajos de Martínez, M (1981) que expone una teoría general sobre el tema y Torres, P. (1993) que la aplica en la Matemática. Consiste en problematizar el contenido de enseñanza, de tal forma que la adquisición del conocimiento se convierta en la resolución de un problema en el curso de la cual se elaboran los conceptos, algoritmos o procedimientos requeridos.

Según Rebollar, A. (2000) esta tendencia está muy elaborada desde el punto de vista didáctico y tiene un cuerpo categorial muy estructurado. En esta forma de enseñanza poco se deja a la improvisación, se parece más a la mayéutica socrática que a la heurística de Polya aunque tome la forma de heurística en algunas presentaciones. Se supone la forma en que debe proceder el estudiante y es como si el hilo conductor del pensamiento del profesor determinara la actividad del estudiante.

**La enseñanza por problemas** que es una de las vertientes del Problem Solving generado en los Estados Unidos a partir del momento en que se comienzan a considerar los problemas como centro de la enseñanza y del aprendizaje de la Matemática. Consiste en el planteamiento de problemas complejos en el curso de cuya solución se requieren conceptos y proposiciones matemáticas que deben ser elaboradas. Según Campistrous, L. y Rizo, C. (1999 a) refiere que "este procedimiento se asemeja a la enseñanza por proyectos y resulta complejo realizar, en la mayor parte de las veces los problemas se limitan a una función motivacional y a aportar un contexto en el que adquieren sentido los conceptos y procedimientos matemáticos que se pretenden estudiar" (Campistrous, L, y Rizo, C. 1999 a: 20).

**La enseñanza basada en problemas**, es también una de las líneas que se desarrolla con el Problem Solving en los Estados Unidos. Consiste en el planteo y resolución de problemas en cuyo proceso de resolución se produce el aprendizaje. Según Campistrous, L. y Rizo, C. (1999 a) "En este caso no se trata de problematizar el objeto de enseñanza ni de plantear problemas complejos que requieran de nuevos conocimientos matemáticos, más bien se trata de resolver problemas matemáticos relacionados con el objeto de enseñanza, sin confundirse con él, y que van conformando hitos en el nuevo aprendizaje" (Campistrous, L. y Rizo, C.1999 a: 20).

Los objetos de aprendizaje serán los conceptos, procedimientos, propiedades, relaciones, hechos y fenómenos. Para la autora de esta tesis, juega un papel fundamental la capacidad que deben desarrollar los estudiantes para reformular y formular problemas.

La enseñanza basada en problemas involucra todo un proceso de aprendizaje, donde el profesor debe ser un agente mediador entre el conocimiento y el estudiante para conducirlo a utilizar la teoría o los contenidos de una o más asignaturas como herramientas que le permitan identificar problemas, determinar causas, proponer y seleccionar alternativas de solución, relacionados con el área de su disciplina. Pero también debe promover su motivación intrínseca para que sea el mismo estudiante quien trate de relacionar la teoría con un problema real y de su entorno, que sea capaz de relacionar los conocimientos previos con los nuevos para construir su propio conocimiento. En esta tendencia, los problemas representan un medio para centrar el aprendizaje del estudiante y una herramienta para formar individuos críticos y reflexivos. Por tanto, debe contribuir a fijar los conocimientos y a desarrollar las habilidades así como demanda que el estudiante indague y arribe a nuevos conocimientos y los problemas se tratarán como una situación del medio natural o social en que se desarrolle el estudiante, que conozca cierta información y descubra interrogantes no resueltas que necesita explicar o responder, para lo cual se exige desarrollar su pensamiento y ampliar sus conocimientos y habilidades matemáticas.

En esta tendencia, la heurística tiene gran importancia, por lo que se considera pertinente esclarecer el propósito que se persigue con ella. Es en este caso que se pone de manifiesto lo que Ballester, S. et al. (1992) define como método heurístico al expresar:

"El método heurístico se caracteriza por un método de enseñanza mediante el cual se le plantean a los estudiantes preguntas, sugerencias, indicaciones, a modo de impulsos que facilitan la búsqueda independiente de problemas y de sus soluciones. Al utilizar este método el profesor no le informa a los estudiantes los conocimientos terminados que se someterán a su asimilación, sino que los lleva al redescubrimiento de las suposiciones y reglas correspondientes, de forma independiente" (Ballester y otros, 1992: 134). En ese sentido resulta conveniente utilizar las tecnologías de la información y la cominicación con fines heurísticos.

**La enseñanza de la resolución de problemas** que tiene sus basamentos en las obras de Polya, G. (1887-1985), Schöenfeld, A. (1985), Müller (1987), De Guzmán, M. (1995), Campistrous, L. y Rizo, C. (1999 a), entre otros. Se caracteriza por la aplicación de "estrategias" para resolver problemas que se enuncian y se ejercitan para ser aplicadas en el proceso de resolución de problemas.

Para Almeida esta tendencia "[...] está dirigida a proporcionar a los estudiantes los conocimientos necesarios relativos a la esencia de los problemas y de su solución, al desarrollo de las habilidades y hábitos para la ejecución de las acciones y operaciones que conforman la actividad general de resolución de problemas, a estimular el análisis constante por parte de los alumnos de sus propias acciones, a fin de definir enfoques y métodos generales a utilizar durante la solución de problemas" (Almeida, B, 2000: 38). Por ello la definición de instrucción heurística aportada por Ballester se materializa en esta tendencia al definir que: "La instrucción heurística es la enseñanza consciente y planificada de reglas generales y especiales de la heurística para la solución de problemas, por lo que es necesario que cuando se estudien por primera vez las mismas, se destaquen de un modo claro y preciso, y se apliquen en clases posteriores hasta que los alumnos hayan hecho una buena fijación y puedan aplicarlas independientemente en la solución de nuevos problemas" (Ballester et al, 1992: 225).

A criterio de la autora en este proceso no solo se deben enseñar reglas generales y especiales de la heurística, también es necesario la enseñanza de estrategias metacognitivas con el propósito de que los estudiantes reconozcan las acciones que les son útiles para aprender a resolver problemas y cómo las aprendió para que a la vez que las aprenda, sepa como enseñarlas en la escuela.

De las cuatro tendencias planteadas anteriormente y en correspondencia con las exigencias y objetivos de la disciplina Matemática en 12mo grado en la formación de profesores para la enseñanza primaria en Angola, la autora considera que la integración sistémica de las tendencias “La enseñanza basada en problemas” y “La enseñanza de la resolución de problemas” que integre la identificación y la formulación de problemas y ponga de manifiesto la utilización de las TIC, de los procedimientos heurísticos y de los componentes metacognitivos y afectivos inherentes al proceso de resolución de problemas, en correspondencia con las necesidades formativas de los estudiantes, para que a la vez que aprenden a resolver problemas, adquieran los conocimientos y modos de actuación que les permitan enseñar la matemática escolar.

Una visión sistémica de la resolución de problemas, sin hacer un énfasis exagerado de un aspecto particular. Según Fazenda, A. (2014) las tendencias juegan un importante papel en este proceso, la primera como una vía para la introducción de los contenidos necesarios para resolver el problema y la otra para la introducción de las vías y métodos heurísticos que conducen a la resolución del problema.

Tener una visión sistémica es tener en cuenta cada una de estas tendencias en la planificación del sistema de clases de un tema determinado, realizando las ponderaciones necesarias de cada uno de ellos, en función de un conjunto de factores que ofrezcan la medida en que debe utilizarse más un enfoque sobre otro, como pueden ser: las características del contenido que se imparte, los resultados del seguimiento integral al diagnóstico de los estudiantes y la preparación del profesor.

El análisis de los resultados de las tesis doctorales de González, D. (2001), Suárez, C. (2004) y Ron, J. (2007), le permitió a la autora de esta tesis, asumir la del último autor, quien plantea que la resolución de problemas es: "[...] el proceso mediante el cual se construye la vía de solución o se contradice la existencia de una vía; por vía de solución, todo conjunto de proposiciones verdaderas que a través de inferencias enlaza el planteamiento inicial (elementos dados, datos) con la exigencia (incógnita, elementos buscados), y por solución de un problema todo objeto que satisfaga la exigencia planteada" (Ron, J. 2007:26).

Es una actividad que requiere de la aplicación de conocimientos, del establecimiento de relaciones, de la creatividad y de la aplicación de los llamados procedimientos heurísticos.

Los procedimientos heurísticos para Torres, P. "[...] son recursos mentales de búsqueda que permitan orientarse y obtener la vía de solución durante el proceso de resolución de un problema matemático" (Torres, P. 2000:14-15). Se clasifican en: principios, reglas y estrategias.

Este autor considera que los principios heurísticos son "Sugerencias para encontrar directamente la idea de solución principal; posibilita determinar a la vez los medios y la vía de solución. Las reglas heurísticas, actúan como impulsos generales dentro del proceso de búsqueda y ayudan a encontrar, especialmente, los medios para resolver el problema. Las estrategias heurísticas, se comportan como recursos organizativos del proceso de resolución, que contribuyen especialmente a determinar la vía de solución del problema abordado" (Torres, P. 2000:14-15).

Estos procedimientos se concretan en diferentes modelos, propuestas, sugerencias los que se han identificado por diferentes autores como etapas, momentos, fases, sugerencias y acciones para facilitar su proceso de enseñanza y consecuentemente de aprendizaje en la resolución de problemas.

La sistematización realizada por la autora de las tesis doctorales de Torres, P. 1993; Delgado, JR: 1999; Llivina, M. 1999; Jiménez, H. 2000; Ferrer, M. 2000; Rebollar, A. 2000; Alonso, I. 2000; González, D. 2001; Capote, M 2003; Suárez, C 2004; Ron, J. 2007; Fazenda, A 2014, Das Dores, J M. 2014; Sachipia, J 2014; entre otros, le permitió identificar los modelos, propuestas y sugerencias más utilizados se plantean en la tabla que se presenta a continuación:

Tabla 1 Modelos heurísticos más utilizados para la resolución de problemas

| **George Polya (1945)**<br>**Etapa** | **Werner Jungk (1981)**<br>**Fases** | **Miguel de Guzmán (1983)**<br>**Fases** |
|---|---|---|
| 1$^{era}$ Comprensión del problema | 1$^{era}$ Trabajo en el problema. | 1$^{era}$ Antes de hacer, intenta entender |
| 2$^{da}$Construcción de una estrategia de resolución | 2$^{da}$ Trabajo en el problema. | 2$^{da}$ Busca de la estrategia |
| 3 $^{era}$ Ejecutando la estrategia | 3 $^{era}$ Solución del problema | 3 $^{era}$ Aplica tu estrategia |
| 4 $^{ta}$ Revisando la Solución | 4 $^{ta}$ Evaluación de la solución y de la vía | 4 $^{ta}$ Extrae el sumo al jugo y de tu experiencia |

| **Alan Schoenfeld (1985). Acciones** | **Miguel Llivina (1998) Acciones** | **Programa Heurístico General MEM (1992) Fases** |
|---|---|---|
| $1^{era}$ Analizar y comprender el problema | $1^{era}$ Comprender el problema | $1^{era}$ Orientación hacia el problema |
| $2^{da}$ Diseñar y planificar soluciones | $2^{da}$ Analizar el problema | $2^{da}$ Trabajo con el problema |
| $3^{era}$ Explorar soluciones | $3^{era}$ Solucionar el problema | $3^{era}$ Solución del problema |
| $4^{ta}$ Comprobar la solución | $4^{ta}$ Evaluar la solución del problema | $4^{ta}$ Evaluación de la solución y la vía |
| **Campistrous L. y Rizo C. (1998) Momento** | $1^{era}$ Orientación , $2^{do}$ Ejecución, 3 er Control | |

El análisis realizado por la autora acerca de las propuestas anteriores le permitió revelar que en el proceso de resolución de cualquier problema, siempre está presente la necesidad de realizar inicialmente un proceso de comprensión, un proceso en el que se debe encontrar la vía para solucionarlo, un proceso en el cual surge la necesidad de solucionarlo y, finalmente, para tener certeza de que la solución hallada es correcta y realizar un proceso de comprobación.

Se asumen en esta tesis las fases del programa Heurístico General pues orientan con mucha claridad la resolución de problemas y en su esencia incluye los aspectos referidos en las demás propuestas sugeridas por los autores anteriormente mencionados.

Asimismo se asume lo conceptualizado por Suárez, C. acerca de la **identificación de problemas** como "[...] una capacidad específica que se forma y se desarrolla en el proceso de enseñanza-aprendizaje de la matemática y que se configura en la personalidad del individuo al adquirir y consolidar la base de contenidos a desarrollar, el sistema de acciones intelectuales haciendo uso de la metacognición y una adecuada motivación" (Suárez, C .2004:66). Este autor considera como **base de contenidos** para identificar un problema matemático los siguientes:

El concepto de problema matemático, los elementos de la estructura externa de un problema matemático, los conocimientos matemáticos específicos sobre los que trata el problema, los conocimientos generales sobre la situación narrada en el problema, los sentimientos, actitudes, convicciones y valoraciones. También considera **como sistema de acciones intelectuales** el análisis del objeto o fenómeno de la realidad objetiva para descomponerlo en sus partes y poder precisar sus características; caracterizar el objeto o fenómeno de la realidad mediante la síntesis de las características determinadas en el análisis; establecer relaciones entre el objeto o fenómeno de la realidad con los conocimientos que posee el alumno; distinguir el objeto o fenómeno de la realidad de otros, considerando sus rasgos esenciales; descubrir la contradicción existente entre el estado actual del objeto o fenómeno de la realidad y el estado deseado.

Las acciones descritas anteriormente se asumen por la autora de esta tesis pues constituyen una guía orientadora para la enseñanza de la identificación de problemas y orienta al estudiante en cómo proceder para identificar cuando una situación es considerada como un problema. Desde el punto de vista operativo, la identificación de problemas matemáticos se concibe como una actividad que consiste en reconocer la existencia de una contradicción entre determinados elementos conocidos por el estudiante acerca de los contenidos matemáticos objeto de estudio y otros elementos desconocidos.

El trabajo para la identificación de problemas matemáticos en la formación del profesor para la enseñanza primaria es importante por la contribución que brinda a la formación profesional.

La autora asume lo definido por González, D. acerca de la **formulación de problemas** matemáticos, quien refiere que es: "[...] la actividad de estudio que consiste en identificar, crear, narrar, redactar un problema matemático en forma individual o colectiva, a partir de una situación inicial dada o creada por la o las personas que las realizan" (González, D. 2001: 105). Con el propósito de dirigir el proceso de enseñanza-aprendizaje de la formulación de problemas matemáticos, González, D. propuso la siguiente sucesión de pasos, los que son asumidos por la autora de la tesis para la propuesta. Estos son:

1. Analiza la información dada.
2. Precisa qué se va a relatar y qué operación se debe utilizar.
3. Completa los elementos de la estructura del problema.
4. Formula el problema.

En el proceso de resolución de problemas matemáticos, la identificación, la resolución y la formulación constituyen, desde el punto de vista didáctico, un aspecto importante para potenciar el proceso de enseñanza-aprendizaje de la resolución de problemas en la formación del profesor para la enseñanza primaria.

Por otra parte, la resolución de problemas ha de ser vista como método para la acción, para la búsqueda del conocimiento, aplicando estos en el proceder didáctico para el tratamiento de las situaciones típicas de la enseñanza de la Matemática en la que el estudiante se apropie no solo de los entes matemáticos, sino de los principios, reglas y estrategias heurísticas.

**Conclusiones del capítulo**

El proceso de enseñanza-aprendizaje en la formación de profesores para la enseñanza primaria en la República de Angola ha evolucionado desde la aplicación de los programas portugueses hasta los actuales, que responden a las necesidades y exigencias del país planteada en la Ley de Bases del Sistema de Educación y Enseñanza, específicamente en el Subsistema de Formación de Profesores.

La sistematización realizada posibilitó concebir la resolución de problemas matemáticos en el proceso de enseñanza–aprendizaje de la disciplina Matemática a partir de la integración sistémica de las tendencias de la resolución de problemas que incluye las acciones para la identificación y la formulación de problemas con la utilización adecuada de las TIC, de los procedimientos heurísticos y de los componentes metacognitivos y afectivos.

# CAPÍTULO II

# LA RESOLUCIÓN DE PROBLEMAS MATEMÁTICOS EN LA FORMACIÓN DE PROFESORES PARA LA ENSEÑANZA PRIMARIA

# CAPÍTULO II: LA RESOLUCIÓN DE PROBLEMAS MATEMÁTICOS EN LA FORMACIÓN DE PROFESORES PARA LA ENSEÑANZA PRIMARIA

En este capítulo se aborda el estado actual del proceso de enseñanza-aprendizaje de la resolución de problemas matemáticos en la disciplina Matemática en 12mo grado de la Escuela de Formación de Profesores para la Enseñanza Primaria "Ferraz Bomboko" del Huambo República de Angola, desde los referentes asumidos en el primer capítulo de esta tesis. Se presenta la estrategia didáctica y los resultados de su puesta en práctica mediante un pre-experimento.

## 2.1 Estado actual del proceso de enseñanza-aprendizaje de la resolución de problemas en 12mo grado de la Escuela de Formación de Profesores para la Enseñanza Primaria "Ferraz Bomoko"

La sistematización realizada por la autora en el capítulo I, su experiencia como profesora de Matemática en la escuela de formación de profesores para la enseñanza primaria y las bases teóricas expuestas por Campistrous, L. y Rizo, C. (1998) en su obra "*Indicadores e investigación educativa*", permitió identificar la variable, las dimensiones e indicadores y diseñar los instrumentos para la caracterización del estado actual del proceso de enseñanza-aprendizaje de la resolución de problemas matemáticos en la disciplina Matemática en la Escuela de Formación de Profesores para la Enseñanza Primaria "Ferraz Bomboko" del Huambo Angola.

Se identificó como variable: El proceso de enseñanza-aprendizaje de la resolución de problemas matemáticos en la disciplina Matemática en 12mo grado de la Escuela de Formación de Profesores para la Enseñanza Primaria.

Esta variable se precisa conceptualmente como: el sistema de acciones y relaciones que se establecen entre el profesor-estudiante-grupo dentro y fuera de la clase en la que el profesor dirige el proceso con una visión sistémica de la resolución de problemas matemáticos que integra el PEA basado en problemas y el PEA de la resolución de problemas y potencia la utilización de las TIC, de los procedimientos heurísticos y de los componentes metacognitivos y afectivo, en correspondencia con las necesidades formativas de los estudiantes y el grupo, caracterizado por la motivación, actividad reflexiva y la colaboración en estrecha relación con los procesos de socialización, compromiso y responsabilidad social como parte de su formación profesional (Gabriel, C. 2017).

Para la variable se consideraron 14 indicadores, agrupados en dos dimensiones según se detallan en el Anexo 1 y se precisan a continuación.

Dimensión 1: Dirección del proceso de enseñanza-aprendizaje de la resolución de problemas matemáticos, se refiere a los aspectos que caracterizan la preparación del profesor para dirigir el proceso de enseñanza-aprendizaje de la resolución de problemas matemáticos en la formación de profesores para la enseñanza primaria desde el contenido de la disciplina Matemática y su didáctica, a partir de la integración sistémica del PEA basado en problema y del PEA de la resolución de problemas así como de las acciones de identificación, formulación y resolución; del uso de las TIC en este proceso; las influencias que ejerce el profesor para favorecer el aprendizaje de la resolución de problemas y el dominio de los componentes didácticos que permiten dirigir el proceso desde la clase mediante tareas que potencien el desarrollo de los estudiantes . Esta dimensión agrupó los indicadores siguientes:

1.1 Preparación de los profesores para dirigir el proceso de enseñanza-aprendizaje de la resolución de problemas matemáticos en la formación del profesor para la enseñanza primaria.

1.2 Preparación de los profesores en el uso de las TIC, en particular los programas informáticos DERIVE y GeoGebara, para dirigir el PEA de la resolución de problemas en la disciplina Matemática en la formación del profesor para la enseñanza primaria.

1.3 Dominio de los componentes didácticos que permiten dirigir el proceso de enseñanza-aprendizaje de la resolución de problemas matemáticos en la disciplina Matemática en la formación del profesor para la enseñanza primaria.

1.4 Potencialidades de la tarea para el aprendizaje de la resolución de problemas matemáticos en la disciplina Matemática en la formación del profesor para la enseñanza primaria.

1.5 Utilización de las TIC para el aprendizaje de la resolución de problemas matemáticos en la disciplina Matemática en la formación del profesor para la enseñanza primaria.

1.6 Influencias del profesor para favorecer el aprendizaje de la resolución de problemas matemáticos en la disciplina Matemática en la formación del profesor para la enseñanza primaria.

Dimensión 2: Actividad de los estudiantes y el grupo que favorecen el aprendizaje de la resolución de problemas matemáticos, se refiere a los aspectos que caracterizan la actividad de los estudiantes y el grupo en cuanto a: dominio de los contenidos conceptuales (conceptos, teoremas y procedimientos) relativos a sucesiones numéricas, límite, continuidad y derivación de funciones reales de una variable real, así como del sistema de acciones para el proceso de resolución de problemas matemáticos, a los recursos que va a disponer para autorregular su conducta , lo que se concreta en el éxito de la realización de las actividades durante la clase y en las evaluaciones. A las manifestaciones de los estudiantes que reflejan el nivel de satisfacción individual en su actuación durante el proceso de resolución de problemas matemáticas en el proceso de enseñanza - aprendizaje de la disciplina Matemática y a las relaciones que se establecen desde la asignatura con su perfil profesional. Esta dimensión agrupó los indicadores siguientes:

2.1 Participación activa, reflexiva, regulada y significativa en el proceso de aprendizaje de la resolución de problemas matemáticos.

2.2 Interés y motivación por el aprendizaje de la resolución de problemas matemáticos

2.3 Utilización de las TIC en el aprendizaje de la resolución de problemas matemáticos.

2.4 Utilización de estrategias metacognitivas en el proceso de aprendizaje de la resolución de problemas matemáticos.

2.5 Establecimiento de relaciones desde la resolución de problemas matemáticos con la profesión.

2.6 Dominio del sistema de conocimientos relativos a sucesiones numéricas, límite y continuidad de funciones de una variable real y el cálculo diferencial.

2.7 Dominio del sistema de acciones para el proceso de resolución de problemas matemáticos (acciones para la identificación, formulación y resolución de problemas).

2.8 Éxito en la resolución de problemas matemáticos que se modelan o cuya solución utilice el límite de sucesiones numéricas y de funciones elementales y la derivación de una función y sus propiedades.

La definición y la operacionalización de la variable, fueron sometidas a dos rondas de valoración, mediante una encuesta aplicada a 22 especialistas (Anexo 3); de ellos 10 son angolanos y 12 son cubanos. De los cuales 14 (63,6%) son doctores en Ciencias Pedagógicas, 5 (22,7%) son Máster en Didáctica y tres (13,6%) son Licenciados en Ciencias de la Educación. Además, tienen entre 10 y 27 años de experiencia en la enseñanza media y universitaria, que emitieron sus criterios de valor sobre las definiciones conceptual y operacional de la variable presenta por la autora, así como de la descripción de las dimensiones e indicadores.

Para el procesamiento de los resultados de la segunda ronda de la encuesta, expuestos en (Anexo 2), se determinó la mediana de cada uno de los aspectos evaluados. El análisis por categorías de los aspectos evaluados permitió constatar que:

- La definición de la variable: "El proceso de enseñanza-aprendizaje de la resolución de problemas matemáticos en la disciplina Matemática en 12º grado de la escuela de formación de profesores para la enseñanza primaria" fue valorada según la tendencia de la mediana de Muy Adecuada, no obstante hubo un especialista que la valoró de Adecuada.
- La determinación de las dimensiones, fue valorada de Bastante Adecuada, aunque, tres especialistas la valoraron de Adecuada y cinco de Muy Adecuada.
- La descripción del contenido de las dimensiones, fue valorada igualmente de Bastante Adecuada, no obstante, ocho de los especialistas la valoraron de Muy

Adecuada.

- La determinación de los indicadores fue valorada por los especialistas también de Muy Adecuada, pero siete de ellos la valoraron de Bastante Adecuado y tres de Adecuada.
- La descripción del contenido de los indicadores, fue también valorada de Bastante Adecuada, ocho especialistas la valoraron de Muy Adecuada.

En general la mayoría de los especialistas valoraron de Bastante Adecuada la operacionalización de la variable. No obstante, se realizaron recomendaciones tales como:

1. Lograr un mayor nivel de concreción en la definición de la variable, pues no revela su singularidad en cuanto la visión sistémica de la resolución de problemas.
2. Las dimensiones aunque se corresponden con la definición de la variable están formuladas en función de la enseñanza y el aprendizaje.´
3. Incluir en la segunda dimensión un indicador referido las relaciones que se establecen con la profesión.

Para caracterizar el estado actual del proceso de enseñanza-aprendizaje de la resolución de problemas matemáticos, se consideró como población los 220 (100%) estudiantes del 12mo grado de la escuela de formación de profesores para la enseñanza primaria, los ocho profesores que imparten la disciplina Matemática y los tres directivos de la escuela de formación de profesores para la enseñanza primaria.

Se analizó la documentación normativa del proceso de enseñanza-aprendizaje, entre los que se encuentran: el programa de la disciplina de Matemática de 12mo grado, la Reforma Educativa y La ley de Bases del Sistema de Educación según la guía que se muestra en el Anexo 3.

Se observaron 12 clases de 12mo grado en la escuela de formación de profesores para la enseñanza primaria, en correspondencia con la guía de observación que se muestra en el Anexo 4. Se aplicó una encuesta a los 220 estudiantes y a los ocho profesores, según los cuestionarios de los Anexos 5 y 6, también se encuestaron los tres directivos de la escuela de formación de profesores para la enseñanza primaria incluido el coordinador de la disciplina de Matemática (Anexo 7) y se aplicó la prueba pedagógica 1(Anexo 8) a los 220 estudiantes.

En la determinación del estado actual de la variable se utilizaron las categorías de: Si, En Parte, No.

Para valorar los resultados de la aplicación de los instrumentos, al simplificar la información que se obtuvo acerca de la variable en estudio, se utilizaron distribuciones de frecuencias absolutas con la intención de describir los conjuntos de datos y la mediana, como medida de tendencia central que identifica al escalamiento ordinal utilizado para cada conjunto de datos, para la caracterización del comportamiento de cada indicador (Anexo 9), lo que permitió identificar las regularidades siguientes:

**Con respecto a la dimensión: Dirección del proceso de enseñanza-aprendizaje de la resolución de problemas matemático en la disciplina Matemática**

- Se evidencia en parte la preparación de los profesores para dirigir el proceso de enseñanza –aprendizaje de la resolución de problemas matemáticos, lo que se manifiesta en el poco conocimiento teórico metodológico que sustentan la enseñanza y el aprendizaje de la resolución de problemas matemáticos, y específicamente en el poco dominio de las acciones y la base de contenidos para identificar formular y resolver problemas que se modelan o cuya solución utilice las sucesiones numéricas, el límite de funciones elementales y la derivación de funciones y sus propiedades.

- No se evidencia la preparación de los profesores en el uso de las TIC, en particular los programas informáticos DERIVE y GeoGebra, para dirigir el PEA de la resolución problemas matemáticos, lo que se manifiesta en el poco dominio de las potencialidades de dichos programas informáticos, para favorecer el proceso de aprendizaje de la resolución de problemas que se modelan o cuya solución utilice las sucesiones numéricas, el límite de funciones elementales y la derivación de funciones y sus propiedades.
- Se evidencian en parte el dominio de los componentes didácticos que permiten dirigir el proceso de enseñanza-aprendizaje de la resolución problemas matemáticos que se modelan o cuya solución utilice las sucesiones numéricas, el límite de funciones elementales y la derivación de funciones y sus propiedades, lo que se manifiesta en la insuficiente interrelación entre los objetivo-contenido-método-medios-formas de organización-evaluación desde el programa y en la ejecución de las clases para favorecer el aprendizaje activo, reflexivo, significativo y motivado de la resolución de problemas matemáticos en correspondencia con el diagnóstico de los estudiantes, lo que se constató en el 75% de las clases observadas.
- Son insuficiente las potencialidades de la tarea para favorecer el aprendizaje de la resolución de problemas en la disciplina Matemática debido a que los problemas que se proponen en las tareas a los estudiantes no siempre exigen que relacionen

los conocimientos previos con los nuevos para construir los propios, así como niveles crecientes de asimilación y la aplicación de procedimientos heurísticos, la utilización de estrategias cognitivas y metacognitivas al identificar, formular y resolver problemas matemáticos y el trabajo colectivo con sus implicaciones individuales ,lo que se constató en el 75% de las clases observadas.

- No se evidencia la disposición del profesor para promover y orientar la utilización de las TIC, en particular los programas informáticos DERIVE y GeoGebra en el proceso de enseñanza-aprendizaje de la resolución de problemas matemáticos que se modelan o cuya solución utilice las sucesiones numéricas, el límite de funciones elementales y la derivación de funciones y sus propiedades, lo que se constató en el 90% de las clases observadas y corroborado en las opiniones de los directivos y estudiantes encuestados.
- Se evidencian en parte las influencias del profesor para favorecer el aprendizaje de la resolución de problemas matemáticos, lo que se manifiesta en las clases porque el profesor ofrece pocas posibilidades para la participación activa de los estudiantes de manera regulada y consciente e intenten resolver individualmente los problemas planteados, en escasas ocasiones promueve la reflexión y regulación metacognitiva, así como la comunicación y socialización del aprendizaje. No siempre se dan orientaciones sobre cómo resolver problemas de manera general y en particular de los que se modelan o cuya solución utilice el límite de sucesiones numéricas y de funciones elementales y la derivación de funciones y sus propiedades en correspondencia con las necesidades formativas de los estudiantes.

**Con respecto a la dimensión 2: Actividad de los estudiantes y el grupo que favorecen el aprendizaje de la resolución de problemas matemáticos**

- Se evidencia en parte la participación activa, reflexiva, regulada y significativa en el proceso de aprendizaje de la resolución de problemas matemáticos, manifestada en que: los estudiantes se muestran poco independientes en la realización de las acciones para identificar, formular y resolver problemas con flexibilidad del pensamiento y racionalidad al trabajar, no acostumbran a realizar reflexiones metacognitivas acerca de cómo aprenden, de las acciones que realizan y que los conduzcan al éxito, fracaso y/o dificultades, a referir la forma en que pensaron para resolver el problema, así como a relacionar el contenido con situaciones de la vida, con otros contenidos del currículo, con otras ciencias, con la historia de la matemática .
- Se evidencia poco interés y motivación por el aprendizaje de la resolución de problemas matemáticos ya que no manifiestan gusto por las clases de resolución de problemas ni por la resolución de problemas, no siempre buscan información, es escasa la participación en clases observadas y corroborado en las opiniones de los directivos y profesores encuestados.
- No se evidencia la utilización de los programas informático DERIVE y GeoGebra en el aprendizaje de la resolución de problemas matemáticos manifestado en el 75% de las clases observadas y corroborados en las opiniones de los profesores y directivos encuestados.
- No acostumbran a utilizar estrategias metacognitivas en el proceso de aprendizaje de la resolución de problemas matemáticos, en el 75% de las clases observadas se

constató insuficiencias en la planificación y control de la ejecución de las tareas, búsqueda de otras vías y reorganizar los pasos seguidos para identificar, formular y resolver problemas y reflexionar acerca de los conocimientos utilizados y de las acciones que lo condujeron al éxito, fracaso y/o dificultades, así como sobre los conocimientos que poseen que les permita resolver los problemas que conforman las tareas.

- En el 50% de las clases visitadas se constataron insuficiencias en los estudiantes para establecer relaciones desde la resolución de problemas con los contenidos de los programas de matemática de la escuela primaria.
- Insuficiencias en el dominio de la base de contenidos (conceptos, teoremas, relaciones y procedimientos algorítmicos y heurísticos) básicos y necesarios para la resolución de problemas, acerca del límite y continuidad de funciones de una variable real y el cálculo diferencial , lo que se constató en 58,3 % de las clases observadas. En la prueba pedagógica I, las respuestas a las preguntas que miden los conocimientos relativos al límite, continuidad y derivada de una función se caracterizaron por un 67,6 % de respuestas incorrectas, que tuvo sus principales manifestaciones en los procedimientos para calcular el límite y la derivada de una función.
- Insuficiencias en el dominio del sistema de acciones para el proceso de resolución de problemas de manera general y en particular sobre límite de sucesiones y cálculo diferencial , lo que se constató en el 75% de las clases visitadas y en las opiniones de los profesores y directivos encuestados. En la prueba pedagógica 1, la resolución de problemas se caracterizaron por un 75% de respuestas incorrectas

que tuvo sus principales manifestaciones en las acciones comprender el problema, representar las relaciones contenidas en el texto del problema, buscar la idea de la solución y evaluar la vía y la solución.

- El éxito en la resolución problemas matemáticos que se modelan o cuya solución utilice el límite de sucesiones numéricas y de funciones elementales y la derivación de funciones y sus propiedades, en la prueba pedagógica 1 se caracterizó por 81,1 % de respuestas incorrectas.

La triangulación de las fuentes (Anexo 10) reafirmó la evaluación de la variable de la investigación como mal, donde la dimensión más afectada es la actividad de los estudiantes y el grupo que favorecen el aprendizaje de la resolución de problemas matemáticos y permitió identificar como fortalezas:

- La disposición de los profesores para favorecer el proceso de enseñanza-aprendizaje de la resolución de problemas en la asignatura Matemática.
- La Escuela de Formación de Profesores para la Enseñanza Primaria "Ferraz Bomboko" de Huambo, República de Angola, posee dos laboratorios de informática con equipos de última generación, donde todas las computadoras están conectadas a Internet.
- Los docentes y estudiantes de 12mo grado de IMNE poseen y manejan recursos tecnológicos tales como: computadora, red, INTERNET, laptop, móviles, tabletas, entre otros lo que se consideraron oportunidades para diseñar la estrategia didáctica con el uso de estos recursos los que pueden facilitar la enseñanza y aprendizaje de la resolución de ejercicios y problemas en los estudiantes.

Como debilidades se identificaron:

- Insuficiencias en la dirección del proceso de enseñanza-aprendizaje de la resolución de problemas matemáticos, manifestadas en la poca preparación teórico metodológica y en el uso de las TIC de los profesores para dirigir dicho proceso, a partir de la integración sistémica de la enseñanza basada en problemas y la enseñanza de la resolución de problemas, así como de las acciones de identificación formulación y resolución de problemas y del uso de las TIC, las escasas influencias del profesor, así como de las potencialidades de la tarea para favorecer el aprendizaje de la resolución de problemas.
- Insuficiencias en la actividad de los estudiantes y el grupo que favorezcan el aprendizaje de la resolución, manifestadas en: la escasa participación activa, reflexiva, significativa y regulada de los estudiantes en el proceso de aprendizaje, en el poco establecimiento de relaciones con los contenidos anteriores, con la vida y con la profesión, poco interés y satisfacción por el aprendizaje de la resolución de problemas, limitado uso de estrategias cognitivas y metacognitivas, así como el uso de las TIC, insuficiencias en el dominio de los conceptos límite y derivada de una función, en los procedimientos para calcular el límite y la derivada de una función, así como de las acciones para resolver problemas (comprender el problema, establecer las relaciones contenidas en el texto, búsqueda de la idea de solución, evaluar la solución y la vía).

Los resultados del diagnóstico, conducen a la elaboración de una estrategia didáctica para contribuir al proceso de enseñanza-aprendizaje de la resolución de problemas matemáticos de 12mo grado de la Escuela de Formación de Profesores para la Enseñanza Primaria “Ferraz Bomboko” de Huambo, Angola.

## 2.2 La estrategia didáctica para el proceso de enseñanza-aprendizaje de la resolución de problemas matemáticos en la disciplina Matemática

El estudio realizado permitió identificar que las estrategias se clasifican de diferentes formas: militares, políticas, de mercado, pedagógicas, metodológicas, didácticas, de aprendizaje, entre otras, en esta investigación en correspondencia con el objetivo propuesto solo se hará referencia a las estrategias didácticas.

Las estrategias didácticas han sido abordadas por autores como: Addine, F. (1998), Valle, A. (2007), Ron, G. (2007), De Armas, N y Valle, A. (2011), Quintana, A. (2011), Púcuta, M. (2016), entre otros.

Para Addine, F. (1998), la estrategia didáctica es, "[...] la fundamentación y diseño de un sistema de acciones y procedimientos seleccionados y organizados que posibilitan la transformación del proceso de enseñanza-aprendizaje, condicionan su dirección y permiten el logro de los objetivos propuestos a mediano y largo plazo" (Addine, F., 1998: 25). Por su parte, Valle, A. (2007), la define como "[...] un conjunto de acciones secuenciales e interrelacionadas que partiendo de un estado inicial (dado por el diagnóstico) y considerando los objetivos propuestos permite dirigir el desarrollo del proceso de enseñanza-aprendizaje en la escuela" (Valle, A., 2007: 93).

El investigador Ron, G. (2007), define la estrategia didáctica como "[...] un conjunto de acciones que se planifican con la misión de transformar el estado real del proceso de enseñanza y aprendizaje de una asignatura, con relación a una problemática, en otro que es el deseado. El conjunto de acciones está dirigido tanto a la actuación del profesor en la enseñanza como a la del estudiante en el aprendizaje" (Ron, G., 2007:62).

Para De Armas, N. y Valle, A (2011) la estrategia didáctica: "es la proyección de un sistema de acciones a corto, mediano y largo plazo que permite la transformación del proceso de enseñanza-aprendizaje de una asignatura, nivel o institución tomando como base los componentes del mismo y que permite el logro de los objetivos propuestos en un tiempo concreto" (De Armas, N. y Valle, A., 2011: 39).

Estas definiciones le aportan a la autora de esta tesis aspectos fundamentales que caracterizan una estrategia didáctica, como son: un conjunto de acciones secuenciales e interrelacionadas, necesidad de tener en cuenta el estado inicial para la elaboración de las acciones, considerar los componentes del proceso y que las acciones están dirigidas a la actuación del profesor y de los estudiantes.

Los aspectos anteriores constituyeron referentes para asumir la definición de Valle, A. (2010) acerca de la estrategia didáctica como un conjunto de acciones secuenciales e interrelacionadas que partiendo de un estado inicial y considerando los objetivos propuestos permite dirigir el desarrollo del proceso de enseñanza-aprendizaje en la escuela (Valle, A. 2010).

La autora de esta tesis asume la definición anterior por estar dirigida al desarrollo del proceso de enseñanza-aprendizaje en la escuela.

La estrategia didáctica para el proceso de resolución de problemas en la disciplina Matemática, se elabora sobre la base de los fundamentos teóricos que fueron establecidos en el capítulo uno de esta tesis y de acuerdo con las exigencias de la formación del profesor para la enseñanza primaria planteadas en la Ley de Bases del Sistema de Educación en la República de Angola y en el programa de la disciplina.

En el conjunto de acciones de la estrategia didáctica para la resolución de problemas matemáticos en el proceso de enseñanza-aprendizaje de la disciplina Matemática, se integran las relaciones entre objetivo, contenido, método, medios, evaluación, formas de organización y las relaciones entre los estudiantes, el profesor y el grupo, en función de los objetivos del proceso.

La estrategia tiene una naturaleza didáctica, puesto que está dirigida a la transformación del proceso de enseñanza-aprendizaje de la resolución de problemas matemáticos considerando la actividad del profesor en unidad indisoluble con la actividad de los estudiantes y el grupo, así como la relación dialéctica de los componentes didácticos del proceso de enseñanza-aprendizaje, tiene en cuenta una visión sistémica de la resolución de problemas matemáticos, a partir de la integración de la enseñanza basada en problemas y la enseñanza de la resolución de problemas que potencia la utilización de las TIC, de los procedimientos heurísticos y de los componentes metacognitivos y afectivo, en correspondencia con las necesidades formativas de los estudiantes y el grupo.

Desde esta prespectiva se coincide con Rebollar, A. (2000) como caso particular de la enseñanza basada en problemas la presentación del contenido a partir del planteamiento de "[...] problemas esenciales que expresan las exigencias que desde el punto de vista teórico y práctico deben saber hacer los alumnos, es decir que deben ser reflejo de la situación que han de comprender interpretar y resolver con el contenido de la asignatura"(Rebollar, A. 2000:57).

De Guzman, M. (2009) plantea que una de las tendencias innovadoras en Educación Matemática es la utilización de la historia en la Educación Matemática, la cual puede y debe ser utilizada para entender y comprender una idea difícil del modo más adecuado, así como para motivar y resaltar el surgimiento de los diferenes métodos del pensamiento matemático (De Guzman, M. 2009: 4).

Considerando la complejidad y dificultad de los conceptos límite y derivada, se asumen como problemas esenciales para la presentación del contenido los problemas que en la historia de la matemática dieron origen a esos contenidos, lo que contribuye a la formación de una concepción científica del mundo mediante el análisis del origen y desarrollo de esos conceptos y métodos matemáticos y la valoración de los recursos de que se vale esta ciencia para la obtención y aseguramiento de sus conocimientos.

La estrategia didáctica tiene como propósitos:

- Contribuir a resolver las limitaciones de los profesores y las deficiencias de los estudiantes, señaladas en el epígrafe 2.1.
- Potenciar el desarrollo de estrategias cognitivas y metacognitivas, así como el incremento de la comunicación estudiante-profesor y entre estudiantes-estudiantes en el grupo y fuera de él.
- Fortalecer el uso de las TIC para favorecer la visualización, el dinamismo, la experimentación y la simplificación de los cálculos, así como para el uso de procedimientos heurísticos y algorítmicos en la resolución de ejercicios y problemas.
- Contribuir a la formación profesional de los estudiantes, mediante el establecimiento de relaciones entre los contenidos de la disciplina Matemática en 12mo grado y los de la enseñanza primaria.
- Favorecer el establecimiento de relaciones interdisciplinarias entre la disciplina Matemática, Física y la Informática mediante la resolución de problemas matemáticos relacionados con estas, con otras ciencias y con la vida cotidiana.

En la estrategia se integran los siguientes componentes: objetivo, etapa, sus fases con las acciones del profesor, estudiantes y grupo dirigidas a la resolución de problemas matemáticos en el proceso de enseñanza-aprendizaje de la disciplina Matemática en 12mo grado.

La estrategia tiene como **objetivo:** contribuir al proceso de enseñanza-aprendizaje de la resolución de problemas matemáticos en la disciplina Matemática en 12mo grado de la Escuela de Formación de Profesores para la Enseñanza Primaria "Ferraz Bomboko" de Huambo, que responda a las exigencias en la formación del profesor en la República de Angola.

Con el desarrollo de las acciones que conforman la estrategia se contribuye a la resolución de problemas matemáticos en el proceso de enseñanza-aprendizaje de la disciplina Matemática, en la formación del profesor, según se aspira en los documentos normativos de la República de Angola. Es necesario precisar que el ordenamiento de estas acciones responde a las características de cada una de las etapas de la estrategia.

Las acciones que conforman cada una de las etapas están íntimamente relacionadas, al igual que las etapas entre ellas existen relaciones de coordinación y subordinación, representadas en la figura 1, que se muestra a continuación.

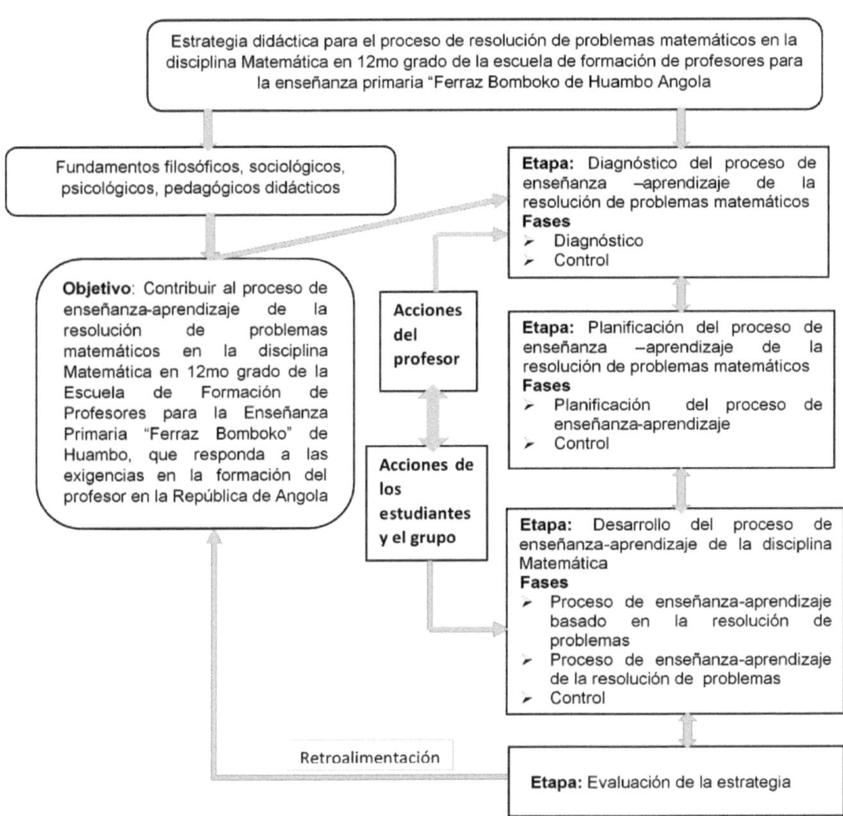


Figura 1 Esquema de la estrategia didáctica

**Primera etapa:** Diagnóstico del proceso de enseñanza-aprendizaje de la resolución de problemas matemáticos en la disciplina Matemática en 12mo grado de la formación del profesor para la enseñanza primaria

Constituye el punto de partida de la estrategia y presupone la determinación del estado real del proceso de enseñanza-aprendizaje de la resolución de problemas matemáticos en la disciplina Matemática en 12mo grado de la formación del profesor para la enseñanza primaria, al identificar las fortalezas, debilidades, carencias e insuficiencias de los profesores para dirigir el proceso de resolución de problemas matemáticos y de los estudiantes y el grupo para resolver problemas.

**Acciones generales de la etapa**

- Indagar acerca de la preparación de los profesores en relación con los contenidos de la asignatura Matemática, su didáctica y en el uso de las TIC para dirigir el proceso de resolución de problemas matemáticos.
- Determinar las potencialidades y dificultades cognitivas, metacognitivas y las relaciones afectivas de los estudiantes en la resolución de problemas, así como el uso de las TIC para el aprendizaje de la resolución de problemas.
- Indagar sobre la disponibilidad tecnológica en cuanto a los recursos TIC requeridos en el proceso de enseñanza-aprendizaje de la disciplina Matemática.
- Preparar a los profesores (en el orden teórico y metodológico) para dirigir el proceso de enseñanza-aprendizaje de la resolución de problemas matemáticos en la disciplina Matemática.
- Procesar los resultados obtenidos del diagnóstico y determinar los niveles alcanzados por los estudiantes, profesores y el grupo para establecer los niveles de ayuda necesarios, planificar nuevas acciones, determinar métodos y recursos para pasar a la segunda etapa.

**Fase de diagnóstico**

**Acciones del profesor**

- Participar en la preparación para dirigir el proceso de enseñanza-aprendizaje de la resolución de problemas matemáticos en la disciplina Matemática.

- Elaborar la prueba pedagógica del diagnóstico inicial sobre el sistema de conocimientos que son básicos para el aprendizaje de la resolución de problemas matemáticos.
- Aplicar la encuesta y la prueba pedagógica I a los estudiantes.
- Actualizar el diagnóstico integral de los estudiantes y del grupo, de acuerdo con los resultados obtenidos, identificar las potencialidades y dificultades de los estudiantes para el aprendizaje de la resolución de problemas matemáticos, así como en el uso de las TIC para el aprendizaje de la resolución de problemas.
- Valorar los resultados de la prueba inicial, individual y colectivamente.

**Acciones de los estudiantes y del grupo:**

- Participar de forma activa en la realización de la prueba pedagógica y de la encuesta inicial.
- Analizar los resultados obtenidos en la prueba pedagógica inicial.
- Reflexionar sobre el uso de las TIC en el aprendizaje de la resolución de problemas.
- Participar en las actividades programadas por el profesor, como resultado del diagnóstico.

**Fase del control**

**Acciones del profesor**

- Controlar y valorar los resultados individuales y colectivos de los instrumentos aplicados.
- Planificar y organizar los sistemas de ayuda, de manera individual y colectiva, sobre la base de los resultados del diagnóstico.

**Acciones de los estudiantes y el grupo**

- Participar en la valoración de los resultados individuales y colectivos de los instrumentos aplicados, orientados hacia el planteamiento de objetivos de aprendizaje.

**Segunda etapa:** planificación del proceso de enseñanza-aprendizaje de la resolución de problemas en la disciplina Matemática en 12mo grado de la formación del profesor para la enseñanza primaria

En esta etapa se crean las condiciones para el proceso de resolución de problemas matemáticos. Es fundamental la preparación del profesor para dirigir el proceso de enseñanza-aprendizaje a partir de los resultados de la etapa anterior referidos a los resultados del diagnóstico de los estudiantes y el grupo, del contexto y de su preparación teórico-metodológica para la dirección del proceso de resolución de problemas matemáticos.

Se planifican los sistemas de clases de acuerdo con su tipología y la complejidad y dificultad de los conceptos límite y derivada para concebir y diseñar la resolución de ejercicios y problemas en que intervienen estos conceptos, así como combinar las tendencias de la resolución de problemas "Enseñanza basada en problemas" y "Enseñanza de la resolución de problemas".

Las acciones de esta etapa están concebidas para el profesor.

**Fase:** planificación del proceso de enseñanza-aprendizaje

**Acciones del profesor**

- Realizar el análisis metodológico de los temas de la ´disciplina según el programa que contribuyan a la preparación de los profesores para la dirección del proceso de la resolución matemáticos en el proceso de enseñanza-aprendizaje de la Matemática.

- Derivar los objetivos de las clases a partir de los objetivos del programa de la disciplina.
- Dosificar los contenidos de la asignatura.
- Seleccionar los métodos, los medios, las formas de organización y evaluación que se utilizarán en el proceso de enseñanza-aprendizaje de la resolución de problemas en la disciplina Matemática, en correspondencia con el objetivo, el contenido y el diagnóstico de los estudiantes y el grupo.
- Seleccionar los problemas esenciales que se utilizarán para introducir los temas de la asignatura a partir de los problemas de la historia de la matemática relacionados con el tema de estudio y con los contenidos precedentes que los estudiantes no pueden resolver con los medios que disponen hasta el momento y los que se utilizarán en el desarrollo del PEA relacionados con situaciones de la Física, la Informática, otras ciencias, con la vida.
- Analizar cómo integrar las TIC (programas informáticos DERIVE, GeoGebra, enciclopedias) en los contenidos y objetivos para favorecer la resolución de problemas.
- Planificar las tareas que garanticen la realización del sistema de acciones para el proceso de resolución de problemas matemáticos que se modelan o cuya solución utilice el límite de sucesiones numéricas y de funciones elementales y la derivación de funciones y sus propiedades, sobre la base del empleo de los recursos heurísticos y estrategias de aprendizaje.

- Seleccionar y/o elaborar ejercicios y problemas que conforman las tareas que se insertarán en los sistemas de clases, con la finalidad de articular los métodos, medios, formas de organización y evaluación en correspondencia con el diagnóstico de los estudiantes y el grupo, con el uso de las TIC en particular los programas informáticos DERIVE y GeoGebra, que posibiliten el intercambio de vivencias.
- Planificar los sistemas de clases de la disciplina Matemática, de acuerdo con el análisis metodológico desarrollado.
- Diseñar las relaciones que se establecerán con los contenidos de la escuela para favorecer la formación profesional de los estudiantes.
- Planificar el sistema de evaluación que garantice el control del proceso de resolución de problemas y los resultados.

**Fase de Control**

- Constatar los niveles de cumplimiento de los objetivos propuestos en esta etapa y se valora la planificación del proceso de enseñanza-aprendizaje de la resolución de problemas.
- Planificar nuevas acciones, determinar métodos y recursos para pasar a la tercera etapa.

**Tercera etapa:** Desarrollo del proceso de enseñanza-aprendizaje de la disciplina Matemática

Se concreta en el desarrollo de los sistemas de clases teniendo en cuenta la combinación del empleo de las tendencias enseñanza basada en problemas y enseñanza de la resolución de problemas, donde la primera permite plantear los problemas como motivación de aprendizaje para la introducción de los nuevos conocimientos, la segunda posibilita el empleo de los procedimientos heurísticos durante los pasos para la resolución de problemas y contribuye a que los estudiantes realicen reflexiones metacognitivas sobre sus logros y limitaciones al enfrentarse a problemas, así como a la aplicación de los contenidos recibidos.

Las acciones de esta etapa se desarrollan por el profesor, el estudiante y el grupo y se tiene en cuenta el enfoque sistémico con el resto de los componentes del proceso de enseñanza-aprendizaje y sus interrelaciones.

**Fase:** proceso de enseñanza-aprendizaje basado en la resolución de problemas

Se concreta en el desarrollo de las clases dedicadas a la introducción de los nuevos contenidos. Se centra en el contenido que se debe aprender para dar solución al problema planteado, se trabaja en la elaboración de la nueva materia y su fijación a partir de la participación activa, reflexiva y motivada de los estudiantes en la búsqueda de la vía, que les permita apropiarse del nuevo contenido, sobre la base del empleo de procedimientos heurísticos y de estrategias de aprendizaje.

| **Acciones del profesor** | **Acciones de los estudiantes y el grupo** |
|---|---|
| Asegurar el nivel de partida. | Reactivar los conocimientos que poseen y sirven de base para el nuevo contenido. |
| Proponer un problema a partir de situaciones: relacionadas con la historia de la matemática relacionados con el tema de estudio, con los | Analizar y reflexionar acerca del problema planteado. |

| | |
|---|---|
| contenidos precedentes, con la Física, la Informática, otras ciencias, con la vida y en particular con los problemas de la, que los estudiantes no pueden resolver con los medios que disponen hasta el momento. | |
| Evidenciar contradicciones, carencias, insuficiencias, necesidades internas de la matemática, de la práctica y de los estudiantes en la tarea docente planteada que los motive al planteamiento de un objetivo de aprendizaje y la conveniencia del desarrollo del saber y poder matemático. | Realizar individual y colectivamente, reflexiones lógicas, plantean preguntas.<br>Identificar contradicciones que lo motivan al planteamiento individual y colectivo de un objetivo a aprender. |
| Promover el aprendizaje activo, reflexivo, regulado y colaborativo. | Participar de manera activa, reflexiva, regulada y colaborativa en el proceso de aprendizaje. |
| Emplear los medios de enseñanza seleccionados. | Utilizar los medios en la búsqueda de los nuevos conocimientos. |
| Sugerir mediante la utilización de impulsos las estrategias cognitivas y metacognitivas a utilizar. | Utilizar las estrategias cognitivas y metacognitivas según sus necesidades y la necesidad de su utilización. |
| Promover la reflexión acerca del vínculo de lo aprendido con el contenido de la enseñanza primaria. | Reflexionar desde diferentes puntos de vista acerca del nuevo contenido y lo vinculan con el de enseñanza primaria. |

| | |
|---|---|
| Orientar la realización del resumen del contenido y su relación con los que posee. . | Valorar lo esencial del contenido y relacionarlos con los que ya poseen. |
| Promover la valoración el cumplimiento del objetivo y la reflexión sobre las acciones realizadas para la apropiación del contenido, de manera individual y colectiva y orienta acerca de cómo mejorarlo. | Valorar el cumplimiento del objetivo y reflexionar sobre las acciones realizadas para la apropiación del contenido, de manera individual y colectiva y orienta acerca de cómo mejorarlo. |

**Fase:** proceso de enseñanza-aprendizaje de la resolución de problemas

Se concreta en el desarrollo de las clases dedicadas a la fijación del contenido (en todas sus formas: ejercitación, sistematización, profundización y repaso) contenido, permite el empleo de los recursos heurísticos durante los pasos para la resolución de problemas matemáticos y contribuye a que los estudiantes y el grupo realicen reflexiones metacognitivas sobre sus logros y limitaciones al enfrentarse a los problemas, y enfrentar al estudiante a problemas de aplicación de los contenidos.

| **Acciones del profesor** | **Acciones de los estudiantes y el grupo** |
|---|---|
| Orientar, estimular y promover la resolución de problemas relacionados con Álgebra, Geometría, otras ciencias, la vida que se modelan o cuya solución utilice el límite de sucesiones numéricas y de funciones elementales y la derivación de una función y sus | Analizar y resolver los problemas propuestos lo más independiente posible.<br><br>Analizar y debatir las acciones |

| | |
|---|---|
| propiedades en correspondencia con el diagnóstico individual y grupal. | realizadas para resolver los problemas y los resultados obtenidos. |
| Potenciar la participación activa de los estudiantes en el proceso de identificación y formulación de problemas que se modelan o cuya solución utilice el límite de sucesiones numéricas y de funciones elementales y la derivación de una función y sus propiedades a partir de situaciones. problémicas que necesiten de la búsqueda de datos, y sus relaciones interactuando con el entorno (medios de difusión, internet, empresas, lugares turísticos, etc.) para llegar a la precisión de un problema bien condicionado por los propios estudiantes. | Participar de forma activa de manera individual o colectiva en la identificación y formulación de problemas.<br>Analizar en el grupo los problemas identificados y formulados. |
| Promover el empleo de los procedimientos heurísticos (principios, reglas, estrategias, medios), de manera que, ofreciendo niveles de ayuda mínimos, los estudiantes lleguen a tener un papel cada vez más activo durante la conformación del modelo matemático, hasta que logren realizar esta etapa por sí solos. | Participar de forma activa en la búsqueda del modelo matemático, Utilizar procedimientos heurísticos, solicitar ayuda en correspondencia con sus necesidades. |
| Proponer problemas que en su proceso de resolución posean: solución única, más de una solución, una vía de solución y más de una vía de solución y no tengan solución. | Analizar y resolver los problemas propuestos. Debaten en el grupo la solución y argumentan la vía utilizada. |
| Promover la fundamentación de los pasos que siguen | Analizar y fundamentar, individual |

| | |
|---|---|
| durante su ejecución. | y colectivamente, los pasos que siguen durante la ejecución. |
| Estimular el éxito, el esfuerzo y la perseverancia. Promover el optimismo para que tengan expectativas de éxito. | Se muestran optimistas y se esfuerzan para resolver la tarea propuesta. |
| Promover el análisis y argumentación de los resultados obtenidos. | Reflexionar acerca de los resultados obtenidos, de las acciones que realizaron que los condujeron al éxito, fracaso o dificultades, argumentan sus respuestas. |
| Orientar y estimular acciones conjuntas de grupos de estudiantes que combinen el trabajo individual con el grupal en correspondencia con las necesidades individuales y grupales (apadrinamiento, equipo homogéneo o heterogéneo respecto al aprendizaje). | Plantear sus juicios y opiniones, analizan sus dudas y las de sus compañeros en equipos y en el grupo.<br><br>Solicitan ayuda a sus compañeros, al profesor en correspondencia con sus necesidades. |
| Orientar el uso de las TIC, en particular los programas informáticos DERIVE y/o GeoGebra. | Utilizar los programas informáticos DERIVE y/o GeoGebra en la resolución de las tareas. |

**Cuarta etapa:** Evaluación de la estrategia.

La evaluación se concibe como un proceso que permite comprobar y valorar el cumplimiento del objetivo propuesto, la efectividad de las acciones del profesor para la planificación y la dirección del proceso de enseñanza aprendizaje de la resolución de problemas matemáticos y el aprendizaje de los estudiantes y el grupo. Tiene carácter sistemático y permite la valoración de los objetivos de las etapas y las fases así como de las acciones propuestas en la estrategia didáctica.

**Acciones generales de la etapa**

- Valorar el diagnóstico y la preparación de los profesores para la dirección del proceso de enseñanza-aprendizaje de la resolución de problemas matemáticos en la disciplina Matemática.
- Controlar permanentemente la planificación para el proceso de enseñanza-aprendizaje de la resolución de problemas matemáticos en la disciplina Matemática.
- Valorar las tareas propuestas para la resolución de problemas matemáticos, así como, el dominio de las acciones para resolver problemas matemáticos en el proceso de enseñanza-aprendizaje de la disciplina Matemática.
- Controlar la relación de coordinación y subordinación de las etapas de la estrategia para el proceso de enseñanza-aprendizaje de la resolución de problemas matemáticos en la disciplina Matemática. y valorar la retroalimentación.

**Acciones fundamentales para la evaluación y el control**

**Acciones del profesor:**

- Controlar y evaluar el desarrollo de las habilidades matemáticas en el proceso de enseñanza-aprendizaje por etapas y acciones.
- Valorar el cumplimiento de los objetivos de las etapas y rediseñar los sistemas de

ayuda en correspondencia con las necesidades individuales y colectivas de los estudiantes y el grupo.

**Acciones de los estudiantes**

- Evaluar los resultados alcanzados en el aprendizaje, reconocer los errores, dificultades y proponerse vías para erradicarlas.

**Acciones del grupo**

- Reflexionar sobre el proceso de aprendizaje y sus resultados en el grupo.
- Participar en la búsqueda de alternativas para resolver las dificultades.
- Plantear nuevas metas de aprendizaje.

**Consideraciones metodológicas para el desarrollo de las acciones de la estrategia**

La preparación se hará mediante el trabajo cooperado y el diálogo, para propiciar la cohesión en el trabajo de los profesores, de modo que todos tengan oportunidad de intercambiar, contrastar opiniones y sustentar puntos de vista e ideas.

Para la confección de la prueba, cada profesor debe realizar propuestas de preguntas y someterlas al análisis del colectivo e incluir preguntas que evalúen conceptos, proposiciones y procedimientos inherentes al saber hacer, así como problemas matemáticos que se modelen o en cuya solución utilicen los contenidos de la disciplina Matemática en la formación del profesor para la enseñanza primaria.

La actividad docente propiciará que los estudiantes puedan formular preguntas y que tengan tiempo para reflexionar. Los impulsos que se proporcionen deben garantizar la actividad reflexiva, la comprensión y el intercambio de los modos y estrategias generales de pensamiento. Deberá promover y orientar la realización de resúmenes, tablas, esquemas en los que se precisen las acciones para resolver problemas así como los procedimientos heurísticos, las estrategias de aprendizaje y los procedimientos de solución que los conceptos y teoremas generan y sirven de base para la resolución de problemas.

Durante el tratamiento de los sistemas de contenido, tanto teórico como procedimental, para su comprensión y estudio debe utilizarse como referencia el análisis de las condiciones necesarias, condiciones suficientes y condiciones necesarias y suficientes y procedimientos.

La presentación del nuevo contenido a partir del planteamiento y resolución de problemas esenciales y su tratamiento siguiendo la orientación del programa heurístico general para la solución de problemas. De esta manera se plantea el estudio de los nuevos contenido en función de resolver nuevas clases de problemas, de modo que la resolución de problemas no sea solo un medio para fijar, sino también para adquirir nuevos conocimientos, sobre la base de un concepto amplio de problema.

Sobre esta base se puede presentar al inicio de cada subunidad temática o sistema de clases un problema esencial que posibilite determinar las clases de problemas y de manera más general las tareas que se deben tener en cuenta en la introducción, la elaboración y la fijación del nuevo contenido.

Es importante que los estudiantes conozcan que el Análisis Matemático se basa en el cálculo infinitesimal como ciencia de las aproximaciones infinitas y estas son las invariantes, es decir cada tema presenta un problema que al resolverlo se debe abordar desde el concepto de aproximación infinita, pero visto desde condiciones diferentes. Por lo que para introducir el contenido se propone como problema esencial:

Problema 1: La necesidad de la formalización de la aproximación en su sentido de "infinitamente próximo".

Proponer situaciones problemas relacionadas con:

Prolongación ilimitada del proceso de búsqueda de una medida común, lo infinitamente pequeña que puede ser esta magnitud. Cálculo de longitudes.

Problema 2. La determinación de la tangente a una curva en un punto cualquiera de su dominio, de la velocidad instantánea de un móvil en un instante dado, y de la densidad de una línea material en un punto determinado.

Dentro de los conocimientos que se sistematizan a inicio de cada tema y de aquellos que se introducen como nuevos, deberá priorizarse el tratamiento didáctico de los conceptos matemáticos y de sus definiciones, a las proposiciones (teoremas) y a los procedimientos de solución, por la importancia que tiene el dominio de una base sólida conceptual, para el proceso de resolución de problemas matemáticos.

El proceso de resolución de problemas se debe centrar en el estudiante, las vías de solución deberán ser desarrolladas de manera activa por los estudiantes, brindar posibilidades para analizar sus errores y a partir de estos desarrollar un accionar que los convierta en fuentes de aprendizaje.

Asignar en las clases el tiempo necesario y suficiente para la consecución de las acciones en las distintas fases que transcurren después de planteado el problema, y donde se ofrezcan niveles de ayuda mínimos en aras de que el estudiante explote al máximo los conocimientos que posee en la zona de desarrollo actual y vaya incorporando paulatinamente a sus saberes, los conocimientos que estén la zona de desarrollo potencial.

Una ejercitación adecuada posibilita la construcción por los estudiantes de las orientaciones para la solución de las tareas y utilizar estrategias tanto cognitivas como metacognitivas (Ver anexo 10), así como los modos de actuación a partir de las relaciones que se establecen en su resolución entre los estudiantes y el grupo y entre los estudiantes y el profesor.

Para fijar los procedimientos es recomendable el empleo de diferentes tareas, particularmente aquellas en que sea imprescindible realizar diferenciación de casos, realizar valoraciones sobre parámetros dados que impliquen la toma de decisiones, estas tareas propician la construcción activa y personal del saber hacer por parte de los estudiantes y constituyen actividades desafiantes que ponen a prueba su capacidad de análisis y reflexión. Ejemplo:

Calcula: $\lim_{x \to \infty} \frac{3x^2 + 2x + 1}{4x^{2n-3} + 2x + 1} \quad , \quad n \in Z$

a) Para el caso n=2 valora el resultado del análisis del límite a partir del comportamiento de los gráficos de las funciones del numerador y del denominador de la función racional fraccionaria dada.

b) Compara tus resultados con los de tus compañeros y selecciona el más adecuado

Las TIC, particularmente de los programas informáticos favorece la resolución de problemas matemáticos cuando se utilizan para la visualización, el dinamismo, la simplificación del cálculo, la obtención y fijación de conceptos y teoremas, la comprobación los resultados después de la resolución manual, cuando a partir del trabajo con el programa informático se realizan los análisis, deducciones y generalizaciones necesarias.

Ejemplo:

1. Dada las funciones $f(x)=x^2$ y $g(x)=\sqrt{1-X^2}$

a) Halle la primera derivada de cada una de las funciones.

b) Calcule el valor de la primera derivada de cada función para x= -1, 0 , 1 ¿Qué representa desde el punto de vista geométrico cada uno de los valores hallados?

c) Determine las ecuaciones de las rectas tangentes a cada una de las curvas en los puntos de abscisas -1 , 0 y 1.

d) Represente gráficamente, empleando el programa informático DERIVE, las funciones anteriores y las rectas tangentes correspondientes, en ventanas diferentes 2D.

e) ¿Observas alguna regularidad entre la pendiente de la recta tangente y la monotonía de cada función? ¿Será este comportamiento una generalidad? Investigue.

El vínculo con la profesión en esta asignatura se expresa mediante la confección de orientaciones para el tratamiento en la escuela de la resolución de problemas, fundamentando los contenidos matemáticos que se imparten en la enseñanza primaria. Esto se expresa en la indagación, ya sea haciendo uso de las TIC, entrevistando a profesores de experiencia, consultando documentos sobre el tratamiento metodológico de estos contenidos y la confección de las mencionadas orientaciones.

## 2.3 La implementación de la estrategia didáctica en la Escuela de Formación de Profesores para la Enseñanza Primaria "Ferraz Bomboko"

La estrategia didáctica fue sometida al criterio de 31 especialistas, con el objetivo de obtener juicios críticos, enriquecer y valorar su pertinencia. La selección de los posibles especialistas, teniendo en consideración los requisitos siguientes:

- Profesores que imparten la disciplina Matemática y los que ya impartieron la disciplina al menos tres veces.
- Más de siete años, de experiencia docente, en el proceso de enseñanza-aprendizaje de la disciplina Matemática.
- Doctores en Ciencias pedagógicas.

El grupo de especialistas estuvo formado por: 31 profesores, 16 de disciplina Matemática (licenciados, máster) y 15 doctores en Ciencias Pedagógicas (cubanos y angolanos), a los que se les aplicó una encuesta de opinión (Anexo 11).

El análisis de las opiniones (Anexo 11) mostró que la tendencia en la evaluación de los aspectos según el comportamiento de la mediana fue de Muy adecuado. La estrategia didáctica en general fue evaluada de Bastante Adecuada. El análisis cualitativo por categorías de los aspectos incluidos en la estrategia didáctica permitió constatar lo siguiente:

- La tendencia en la evaluación de la caracterización de la estrategia didáctica, las acciones generales de las etapas y la característica de la estrategia fueron evaluados de Bastante Adecuado.
- El objetivo de la estrategia didáctica, las etapas de la estrategia, las fases de las etapas, las acciones de los profesores, estudiantes y grupo y las consideraciones

metodológicas para el desarrollo de las acciones, fueron evaluados de Muy Adecuados.

Las sugerencias de los especialistas fueron analizadas y se tuvieron en consideración para el perfeccionamiento de la estrategia didáctica.

Con la finalidad de constatar si la estrategia didáctica elaborada favorecía el proceso de enseñanza-aprendizaje de la resolución de problemas matemáticos en la disciplina Matemática en 12mo grado de la formación de profesores para la enseñanza primaria, se utilizó un pre-experimento durante el curso 2016 en la Escuela de Formación de Profesores para la Enseñanza Primaria “Ferraz Bomboko” de Huambo.

Para la realización del diseño pre-experimental se llevaron a cabo las acciones siguientes:

- Definir la hipótesis experimental.
- Elaboración de los instrumentos para la recogida de información.
- Caracterizar la población donde se aplicó la estrategia didáctica.
- Preparar a los profesores para la implementación de la estrategia didáctica.
- Socializar las acciones que deben realizar los profesores para el desarrollo del proceso de enseñanza-aprendizaje de la resolución de problemas matemáticos en la disciplina Matemática.
- Realizar encuentros metodológicos en el Sector de Matemática.
- Aplicar y procesar los instrumentos iníciales.
- Implementar y controlar la estrategia didáctica.
- Aplicar y procesar los instrumentos finales.
- Analizar y valorar los resultados.

Hipótesis experimental: Si se aplica la estrategia didáctica elaborada en 12mo grado de la Escuela de Formación de Profesores para la Enseñanza Primaria "Ferraz Bomboko" de Huambo, entonces se transforma el estado actual del proceso de enseñanza-aprendizaje de la resolución de problemas matemáticos en la disciplina Matemática en 12mo grado.

Caracterización de la población del pre-experimento

Para la aplicación de la estrategia didáctica, se consideró como población a 141 estudiantes que conforman cuatro grupos docentes de 12mo grado, en el curso lectivo 2016 y los cuatro profesores que imparten la disciplina Matemática en los grupos.

Los estudiantes se encuentran comprendidos entre los 17 y 19 años de edad. En cuanto a la procedencia social, 50 pertenecen a familias de obreros y 91 a familias de intelectuales. El rendimiento académico oscila entre regular y mal, de manera general.

Manifiestan poco interés y motivación hacia el aprendizaje de la Matemática y en particular hacia la resolución de problemas; se limitan a reproducir los conocimientos; muestran poca independencia para el aprendizaje del contenido y para la realización del trabajo individual, a partir de la búsqueda independiente del conocimiento y de su propia autorregulación.

De manera general existen dificultades en las relaciones interpersonales entre los estudiantes, en ocasiones no se muestran solidarios con sus compañeros, son poco creativos, activos y reflexivos. Se aprecia un comportamiento cívico adecuado, respeto por los valores sociales, lo que hace que se consideren buenos ciudadanos.

Los estudiantes poseen laptops, tabletas, teléfonos inteligentes, Internet, lo que representa una potencialidad para su utilización en el proceso de aprendizaje, sin embargo no acostumbran a utilizarlas para aprender.

Es importante plantear que en los grupos trabajan cuatro profesores, con más de cinco años de experiencia en la formación de profesores para la enseñanza primaria. Todos manifestaron su disposición a colaborar con la investigadora.

Al iniciar el pre-experimento se realizó un control del estado inicial de la variable en la población a la cual se aplicó la estrategia. Para eso, se observaron 12 clases a los cuatro profesores de la disciplina Matemática, según la guía de observación (Anexo 5), se aplicaron encuestas a los estudiantes y profesores, (Anexos 6 y 7). Se aplicó la prueba pedagógica 1 utilizada en la caracterización del estado actual (Anexo 9) a los 141 (100%) de 12mo grado de los grupos seleccionados.

El análisis del estado inicial de la variable se realizó en correspondencia con el comportamiento de las dos dimensiones y los 14 indicadores. Para su evaluación se utilizó la escala ordinal de Bien, Regular y Mal. Como regla de decisión la evaluación de los resultados de las encuestas que utilizó la escala ,ordinal de Si, En parte y No .Se aplicó la regla de decisión: Si / Bien, En parte / Regular y No / Mal.

El análisis de la tendencia de las opiniones de las encuestas (estudiantes, directivos y profesores), de las observaciones a clases, así como los resultados de la prueba pedagógica 1, posibilitaron realizar una valoración de las regularidades del estado inicial del proceso de enseñanza-aprendizaje de la resolución de problemas matemáticos en la disciplina Matemática en los grupos seleccionados según la mediana.

Los resultados por dimensiones e indicadores fueron los siguientes:

Sobre la **"Dirección del proceso de enseñanza-aprendizaje de la resolución de problemas matemáticos en la disciplina Matemática"** (Anexo 12). En correspondencia con los resultados de las encuestas aplicadas a estudiantes y profesores y de las observaciones a clases se valora de regular el estado inicial de la dimensión, según el comportamiento de la mediana, lo que se evidencia en limitaciones de los profesores para dirigir el proceso de enseñanza-aprendizaje de la resolución de problemas matemáticos desde el contenido y la didáctica, a partir de la relación entre los componentes didácticos, en las insuficiencias para el uso de las TIC, en particular de los programas informáticos DERIVE y GeoGebra, en el nivel de influencias que ejerce para favorecer el aprendizaje activo, reflexivo y significativo del aprendizaje de la resolución de problemas y en las potencialidades de las tareas que se propone, las cuales no favorecen dicho proceso de aprendizaje.

En relación con la **"Actividad de los estudiantes y el grupo que favorecen el aprendizaje de la resolución de problemas matemáticos"** (Anexo 12) teniendo en cuenta los resultados de los instrumentos aplicados, se valora de mal el estado de la dimensión, según el comportamiento de la mediana al ser evaluados seis indicadores de mal, ya que casi nunca los estudiantes muestran una participación activa, reflexiva, regulada y significativa en el proceso de aprendizaje de la resolución de problemas, es muy limitado el uso de las TIC y de estrategias metacognitivas en el proceso de aprendizaje de la resolución de problemas matemáticos, así como el establecimiento de relaciones desde la resolución de problemas con los contenidos de la escuela y, de manera general, se muestran poco interés y motivación por el aprendizaje de la resolución de problemas.

En cuanto al dominio del sistema de conocimientos (conceptos, proposiciones y procedimientos (algorítmicos y heurísticos) básicos y necesarios para su aplicación en la resolución de problemas que se modelan o cuya solución utilice el límite de sucesiones numéricas y de funciones elementales y la derivación de funciones y sus propiedades, fue evaluado de mal, lo que se manifestó en el bajo nivel de conocimientos que poseen los estudiantes para enfrentar el proceso de enseñanza-aprendizaje de la resolución de problemas matemáticos , aspecto que se corroboró además en los resultados de la prueba pedagógica 1, en la que según la mediana, las respuestas se caracterizaron por ser incorrectas ( 71,2%).

Con respecto al dominio del sistema de acciones para el proceso de resolución de problemas matemáticos (acciones de identificación, formulación y resolución de problemas), el estado del indicador, por los resultados de los instrumentos aplicados se valoró de mal, según la mediana, lo que fue corroborado por los resultados de la prueba pedagógica aplicada en que la tendencia según la mediana, fue de respuestas incorrectas (81,8%), las mayores insuficiencias se identifican en comprender el problema, establecer las relaciones contenidas en el texto, búsqueda de la idea de solución, evaluar la solución y la vía. De las ocho acciones evaluadas para la resolución de problemas en el 100% de estas la tendencia fue de respuestas incorrectas.

El estado del indicador, éxito en la resolución de problemas matemáticos, por los resultados de los instrumentos aplicados se valoró de insuficiente, lo que fue corroborado además por los resultados de la Prueba Pedagógica 1, en la que se evidenció que la tendencia según la mediana se caracterizó por no tener éxito en la resolución de problemas (81,8 %), ya que la mayoría de los estudiantes obtuvieron calificaciones entre mal y regular en la prueba.

Acerca del análisis del comportamiento de los 14 indicadores evaluados, seis fueron evaluados de regular (42,8%) y ocho fueron evaluados de mal (57,1%), lo que hizo que se evaluara de mal el estado de la variable “el proceso de enseñanza-aprendizaje de la resolución de problemas matemáticos en la disciplina Matemática en 12mo grado de la Escuela de Formación de Profesores para la Enseñanza Primaria”, según la mediana.

Al igual que en el diagnóstico del estado actual se identificaron, a partir de los resultados de las encuestas a profesores, estudiantes y por la prueba pedagógica, insuficiencias en la dirección del proceso de enseñanza-aprendizaje, en la actividad de los estudiantes y el grupo que favorecen el aprendizaje de la resolución de `problemas matemáticos.

**La implementación de la estrategia didáctica**

La implementación de la estrategia didáctica se llevó a cabo durante el primer semestre de 2016. Las clases se impartieron por parte de los cuatro profesores. El contenido se abordó según el programa de la asignatura. En este período la autora elaboró un registro de observaciones, donde se recogieron los resultados de la aplicación del método de observación participante lo que sirvió para controlar la marcha de las acciones y poder realizar los ajustes necesarios.

La etapa de **diagnóstico** se llevó a cabo de forma intensiva durante las dos semanas iniciales del primer semestre de 2016 y se continuó sistemáticamente durante todo el desarrollo del pre-experimento, con la participación de la investigadora en la reunión del departamento y despachos con los profesores.

Las acciones planificadas para esta etapa como parte de la estrategia didáctica, se cumplieron y desarrollaron sin dificultad, tanto las que correspondían a los profesores como a los estudiantes.

En relación con el análisis de los resultados de los instrumentos, la investigadora participó de las observaciones a clases, elaboró y aplicó de conjunto con los profesores la prueba pedagógica 1, lo que favoreció el conocimiento de la situación real del proceso de enseñanza-aprendizaje de la resolución de problemas y de cada estudiante y el grupo, con énfasis en las características de la actividad de los estudiantes y el grupo que favorecen el proceso de enseñanza-aprendizaje de la resolución de problemas, así como en el dominio del sistema de conocimientos básicos y necesarios para su aplicación en la resolución de problemas y del sistema de acciones para el proceso de resolución de problemas.

Lo expuesto anteriormente, permitió a los profesores identificar las potencialidades y debilidades de sus estudiantes, y las causas que las originan.

Se analizó de conjunto con los profesores el programa de la disciplina y se observaron clases según la guía de observación. Todo ello posibilitó realizar un diagnóstico de cada profesor, lo que se analizó con cada uno para su preparación individual y colectiva.

Como consecuencia de los resultados del diagnóstico los profesores analizaron las insuficiencias con cada estudiante y a nivel grupal, para sensibilizarlos acerca de sus potencialidades y dificultades, y orientarlos hacia la búsqueda de mejores soluciones en el aprendizaje teniendo en cuenta el proceso de aprendizaje de la resolución de problemas matemáticos en la disciplina Matemática.

La **preparación** de los profesores en los contenidos de la disciplina y en su didáctica, en particular para dirigir el proceso de enseñanza-aprendizaje de la resolución de problemas desde la integración de las tendencias de la enseñanza basada en problemas y la enseñanza de la resolución de problemas, se llevó a cabo de forma intensiva durante el tiempo dedicado a la organización y preparación del curso para lo que se realizaron cuatro encuentros de cuatro horas cada uno (Anexo 13) y se continuó sistemáticamente durante todo el desarrollo del pre-experimento, con la participación de la investigadora en la preparación metodológica de la disciplina y en despachos con los profesores.

En la etapa de **planificación** del proceso de enseñanza-aprendizaje de la resolución de problemas matemáticos en la formación del profesor para la enseñanza primaria se realizaron las acciones previstas en la estrategia y se llevó a cabo durante el primer semestre de 2016.

Las acciones previstas para la etapa se aplicaron bajo la orientación de la investigadora con los profesores participantes y directivos. Para ello se aprovecharon los espacios de trabajo que ofrecieron la preparación metodológica de la asignatura y la auto preparación de los profesores, mediante el desarrollo de actividades colectivas y despachos.

Se desarrollaron actividades metodológicas, en el principio del semestre, que dieron continuidad a la preparación realizada. Estas actividades metodológicas centraron sus objetivos en el debate y análisis en el colectivo de profesores acerca de la visión sistémica del proceso de enseñanza-aprendizaje, los problemas esenciales y del sistema de acciones para la identificación, formulación y resolución, así como del uso de las TIC, derivar y formular los objetivos planificados, determinar los contenidos en función de los objetivos y del diagnóstico de los estudiantes y elaborar tareas en correspondencia con los objetivos así como los medios a utilizar (Anexo 14).

A continuación se presenta el diseño de cómo proceder en la temática “Sucesiones numéricas”.

Para la presentación del contenido se recomienda partir del problema esencial 1 planteado en el epígrafe anterior.

Problema esencial: La necesidad de la formalización de la aproximación en su sentido de “infinitamente próximo”.

Para la que se utilizará el siguiente ejercicio, que vincula los contenidos que tiene el estudiante de Geometría con los de la disciplina Matemática.

Dado un cuadrado ABCD de longitud de su arista igual a 1 unidad, ¿qué longitud tiene la arista del cuadrado que resulta de unir los puntos medios de las aristas del cuadrado dado?

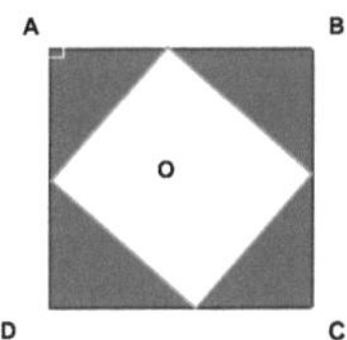


a) ¿Si repetimos este proceso uniendo los puntos medios del cuadrado resultante que longitud tendrán las aristas de dicho cuadrado, cuando apliquemos tres, cuatro y cinco veces dicho procedimiento?
b) ¿Cuántas veces será posible aplicar dicho procedimiento?
c) Si el punto O es el centro del cuadrado de arista unidad, ¿formará parte este punto de algún lado de un cuadrado?

d) ¿Existirá un valor al cual tiende las longitudes de los cuadrados que se obtienen aplicando este procedimiento?

A partir de la situación que proporciona el ejercicio planteado, ofrece la posibilidad de:

- Establecer un sistema de aproximaciones al punto medio como proceso que puede repetirse indefinidamente no se alcanza a "tocar" el punto O, centro del cuadrado.
- Introducirle al estudiante la visión de límite y como es que se determina el mismo.
- Introducir los conceptos de sucesión numérica y sucesión numérica convergente.
- Introducir el procedimiento para calcular los términos de una sucesión Se pueden determinar los primeros términos de la sucesión y su término general:

$\frac{1}{2},\frac{1}{4},\frac{1}{8},...,\frac{1}{2^n}$ es una sucesión infinitesimal o una O—sucesión.

Para el trabajo con el ejercicio planteado los estudiantes lo resuelven por los métodos conocidos. Posteriormente en la búsqueda de otras vías de solución más racionales, el profesor da impulsos heurísticos oportunos para lograr que los estudiantes comprendan el problema y reconozcan la contradicción que lo conduzcan al planteamiento de objetivos de aprendizaje: determinar el término de la sucesión y el límite de la sucesión En el trabajo con el problema se utilizaran recursos heurísticos: separar lo dado de lo buscado, relacionar los conocimientos relacionados con lo dado. Mediante la búsqueda de la idea de la solución es que se elaboran los nuevos conceptos, teoremas o procedimientos (Enseñanza basada en problemas).

Se da solución al problema: determinan los términos de la sucesión, analizan la convergencia de la sucesión y calculan el límite.

El profesor promueve la reflexión metacognitiva del estudiante y el grupo sobre lo realizado y la posibilidad de utilizarlo en otras situaciones. Se precisa las estrategias cognitivas y metacognitivas, así como el sistema de acciones para resolver problemas.

A continuación se presentan ejemplos de tareas elaboradas para la fijación del contenido y del sistema de acciones para la resolución de problemas (Enseñanza de la resolución de problemas).

1. Sabiendo que el primer término de la sucesión es dado por $x_1 = 1!$ y para cualquier $n \geq 1,\quad X_{n+1} = (n+1)X_n$, determine los 4 términos siguientes. Represéntela gráficamente.

2. Sean las sucesiones $(X_n)$, $(Y_n)$ ¿cuáles son las condiciones necesarias y suficientes para sumar y multiplicar dichas sucesiones?

3. Pruebe que la suma de dos sucesiones infinitesimales es una sucesión infinitesimal y que el producto de dos sucesiones infinitesimales es una sucesión infinitesimal. Describa la forma en que pensó para realizar la demostración.

4. Compruebe que la siguiente sucesión no tiene límite a partir de la representación gráfica de sus términos y aplicando la definición.

   $\frac{1}{2}, \frac{1}{2}; \frac{3}{4}, \frac{1}{4}; \frac{7}{8}; \frac{1}{8}$ Cuyo término general es:

$$X_n = \begin{cases} 1 - \dfrac{1}{2^{\frac{n+1}{2}}} & si \quad n \quad es \quad impar \\ \dfrac{1}{2^{\frac{n}{2}}} & si \quad n \quad es \quad par \end{cases}$$

a) Compruebe sus respuestas utilizando el programa informático DERIVE.

b) Intercambie con sus compañeros de equipo.

5. Analice la convergencia de la sucesión cuyo término general es $x_n = \frac{n}{n+1} - \frac{n+1}{n}$, en caso de ser convergente, calcule su límite.

6. Analice la monotonía de la sucesión $\left(\frac{n}{n+1}\right)$ por todas las vías posibles. Fundamente. Intercambie con sus compañeros de equipo.

7. Resuelva los siguientes problemas

- ¿Cuánto tiempo se llevará un agricultor de Huambo para saldar un débito de Kzs 880000 si Kzs 25000 son pagadas en el primer mes, Kzs 27000 en el segundo mes, Kzs 29000 en el tercer mes, y así sucesivamente?

- Una Empresa de Huambo dedicada a la venta de frutos diversos, fue atacada por una plaga desconocida, los frutos se fueron pudriendo: en el primer día dos cajas, en el segundo día seis cajas y en el tercer día dieciocho cajas. Ayuda al dueño de la empresa a encontrar la fórmula matemática para hacer el estudio de la pérdida de las cajas de frutos. ¿Cuántas cajas habrán perdido el séptimo día si se continúan pudriendo los frutos así de forma exponencial?

- Ester contó un rumor a Antonia. En un minuto Antonia contó a cuatro colegas de la escuela y cada una de estas colegas, cuenta a otros cuatro en el minuto siguiente y así sucesivamente. ¿Cuántas personas van a transmitir el rumor al término de cinco minutos?

a) ¿Qué modelo matemático se utilizó para resolver cada uno de los problemas?

b) Piense en otra vía que podría utilizar para resolver cada uno de los problemas.

c) Explique la forma en que pensó para resolver cada uno de los problemas. ¿La considera más racional? ¿Por qué?

Antes de dirigir el proceso de resolución del problema, el profesor preguntó: ¿Qué entienden por problema?

Los estudiantes expresaron sus criterios desde sus puntos de vista y el profesor hizo mención a diferentes conceptos de problema. ¿Recuerdan los pasos que aplican para resolver un problema? El profesor hizo notar que no existe un procedimiento fijo para la resolución, de problemas, aunque sí existen acciones generales que facilitan su resolución.

La **etapa de ejecución** se realizó durante el semestre, en el tiempo programado para la disciplina Matemática, se caracterizó por la observación participante de la investigadora durante el pre-experimento, lo que sirvió para controlar la marcha de las acciones y poder realizar los ajustes necesarios. Se realizaron visitas a los profesores en cada tema impartido, lo que permitió hacer valoraciones sobre el desarrollo del proceso de enseñanza- aprendizaje de la resolución de problemas al inicio, en el intermedio y al final.

El proceso de enseñanza-aprendizaje de la resolución de problemas en la disciplina Matemática se concretó en los sistema de clases de la disciplina (de introducción de nuevos contenidos y de fijación en todas sus formas), a partir de los ajustes realizados en la dosificación de los contenidos, como resultados de la valoración del diagnóstico realizado al inicio del pre-experimento. Se incluyeron al inicio de la asignatura un sistema de cuatro clases dedicadas al repaso de los conocimientos previos.

Al inicio, no se mostró un cambio inmediato en el accionar de los profesores en las clases, actuaban en la forma rutinaria a la que estaban habituados, motivo por el cual la investigadora impartió clases en los grupos en coordinación con los profesores y en los encuentros metodológicos se analizaban la forma de proceder en las mismas, lo que contribuyó a la preparación de los profesores y a que fueran transformando sus modos de actuación.

Durante el desarrollo de las clases los estudiantes presentaron dificultades en la dinámica que se estaba implementando, en la organización para realizar las actividades en dúos, tríos y equipos. La utilización de las tareas favoreció la realización de las actividades planificadas con los estudiantes en función de sus necesidades, además contribuyó a que los estudiantes comprendieran la necesidad del aprendizaje de la resolución de problemas, del trabajo en dúos, tríos y equipos, propició el intercambio y la colaboración entre ellos.

Las soluciones de los ejercicios y problemas propuestos fueron debatidas en el colectivo, para que los estudiantes plantearan no solo los resultados, sino además, los procedimientos utilizados y los razonamientos realizados, aunque fueran incorrectos. En el caso de los incorrectos lo más importante fue el trabajo realizado para determinar las causas que lo condujeron al error y buscar las vías para no volverlos a cometer, lo que favoreció el planteamiento de metas de aprendizaje individuales y colectivas.

Al respecto, los estudiantes explican cómo utilizan las diferentes orientaciones en el estudio independiente de los contenidos, se puntualizan los aspectos a estudiar, dónde encontrar los contenidos y cómo controlar lo estudiado, la utilización del libro de texto y/o los programas informáticos DERIVE y GeoGebra.

El trabajo con los programas informáticos favoreció el proceso de formación de los conceptos de límite de una función derivada la motivación de los estudiantes y el trabajo colaborativo y la atención a las diferencias individuales. La inclusión de problemas relacionados con la vida cotidiana, con otras asignaturas del currículo y con otras ciencias favoreció el trabajo en equipos, contribuyó a la formación en valores de los estudiantes acorde con la sociedad angolana.

La entrevista a profesores de enseñanza primaria, el establecimiento de relaciones entre los contenidos y los de la escuela primaria y la elaboración de orientaciones para el trabajo con la matemática escolar favorecieron la formación profesional de los estudiantes. El trabajo con las estrategias para pensar ante situaciones diferentes y las estrategias para resolver problemas propiciaron avances en el dominio del sistema de acciones para la identificación, formulación y resolución de problemas, ya que los estudiantes resolvieron una mayor cantidad de problemas, se mostraron activos, reflexivos y comprometidos con su aprendizaje y el del grupo.

La etapa de **Evaluación** se desarrolló durante las tres fases anteriores, vista como retroalimentación del proceso de la implementación de la estrategia didáctica. Se realizaron los controles planificados en las etapas de diagnóstico, planificación, ejecución, así como el control y evaluación del proceso de enseñanza-aprendizaje de la resolución de problemas en la disciplina Matemática. Se efectuó el control al desarrollo de las acciones de la estrategia y a los resultados obtenidos. Se realizó el diagnóstico continuo del aprendizaje de los estudiantes y del grupo, lo que posibilitó realizar ajustes y modificaciones en correspondencia con el diagnóstico de los estudiantes y profesores.

En la aplicación del pre-experimento se evidenció el avance progresivo en el proceso de resolución de problemas en el proceso de enseñanza-aprendizaje de la disciplina Matemática.

## 2.4. Valoración de los resultados de la implementación de la estrategia didáctica

Para la valoración de los resultados de la implementación de la estrategia didáctica se utilizaron los mismos instrumentos que al inicio del pre-experimento (encuestas a estudiantes y profesores, y la guía de observación a clases). La encuesta final a profesores incluyó una valoración de la implementación de la estrategia didáctica. La prueba pedagógica 2 (Anexo 15) aplicada al final, fue elaborada conjuntamente con los profesores según los conocimientos evaluados en la prueba pedagógica 1.

El análisis de la tendencia de las opiniones de los cuatro profesores, después de aplicada la estrategia didáctica, permitió comprobar que todos los aspectos valorados previstos en la estrategia didáctica fueron evaluados de Muy adecuado y Bastante adecuado. En general la estrategia didáctica y su aplicación fueron evaluadas de Muy adecuada, según la tendencia de la mediana.

Los profesores sugirieron extender la estrategia didáctica al resto de los grados de la escuela de formación de profesores para la enseñanza.

El análisis del estado final de la variable se realizó en correspondencia con los resultados de las encuestas aplicadas a los profesores, los directivos y los estudiantes que participaron en el pre-experimento. Se consideraron también los resultados de las observaciones a clases, y de la prueba pedagógica 2. Se realizó la valoración del estado final de la variable en correspondencia con el comportamiento de las dos dimensiones y de los 14 indicadores (Anexo 16).

Con respecto a la dimensión "Dirección del proceso de enseñanza-aprendizaje de la resolución de problemas matemáticos en la disciplina Matemática (Anexo 16) según los resultados de las encuestas aplicadas a los profesores, directivos y estudiantes que participaron en el pre-experimento, así como de los resultados de las clases observadas por la investigadora se valora de bien el estado de esta dimensión, según la mediana, al ser valorado el resultado de cinco indicadores de bien, comprobado por una mejor preparación de los profesores para dirigir el proceso de enseñanza-aprendizaje de la resolución de problemas, un mayor dominio de los componentes didácticos que permiten dirigir dicho proceso. Se evidenció mejoría en las influencias del profesor que favorecen el aprendizaje de la resolución de problemas, así como en las potencialidades de la tarea y en la utilización de las TIC, en particular los programas informáticos DERIVE y GeoGebra.

En relación con la dimensión "Actividad de los estudiantes y el grupo que favorecen el aprendizaje de la resolución de problemas" (Anexo 16) por los resultados de las encuestas aplicadas a los profesores, estudiantes y directivos y las observaciones a clases, se valora de regular el estado de la dimensión, ya que cuatro (50%) de los indicadores fue evaluado de regular y cuatro (50%) de bien según la tendencia de la mediana, comprobado por una mayor a participación activa, reflexiva, regulada y significativa en el proceso de aprendizaje de la resolución de problemas, así como del uso de las TIC y de estrategias metacognitivas en el proceso de aprendizaje de la resolución de problemas matemáticos, en el establecimiento de relaciones desde la resolución de problemas con los contenidos de la escuela y, de manera general, se muestran mayor interés y motivación por el aprendizaje de la resolución de problemas.

En cuanto al dominio del sistema de conocimientos (conceptos, proposiciones y procedimientos (algorítmicos y heurísticos) básicos y necesarios para su aplicación en la resolución de problemas que se modelan o cuya solución utilice el límite de sucesiones numéricas y de funciones elementales y la derivación de funciones y sus propiedades, fue valorado de regular, según el comportamiento de la mediana, los resultados de la prueba pedagógica 2 se caracterizaron por un 63,3 % de respuestas correctas, según la mediana. En el grupo se evidenció una mejoría en los conocimientos de los estudiantes, no obstante, se aprecian insuficiencias en el dominio de las reglas de derivación y en la identificación de las formas indeterminadas en el cálculo de límite.

Con respecto al dominio del sistema de acciones para el proceso de resolución de problemas matemáticos (acciones de identificación, formulación y resolución de problemas), el estado del indicador, por los resultados de los instrumentos aplicados se valoró de regular, según la mediana, lo que fue corroborado por los resultados de la prueba pedagógica aplicada en que la tendencia según la mediana, fue de respuestas correctas (68,1%), se evidenciaron las mayores insuficiencias en la búsqueda de la idea de solución y evaluar la solución y la vía. De las ocho acciones evaluadas para la resolución de problemas en el 100% de estas la tendencia fue a respuestas correctas.

El estado del indicador, éxito en la resolución de problemas matemáticos, por los resultados de los instrumentos aplicados se valoró de regular, según el comportamiento de la mediana, en la prueba pedagógica 2, se evidenció que la tendencia según la mediana se caracterizó por tener éxito en la resolución de problemas (62,2 %), ya que la mayoría de los estudiantes obtuvieron calificaciones entre bien y regular en la prueba.

De los 14 indicadores, nueve (64,2%) fueron evaluados de bien y cinco (35,7%) fueron evaluados de regular. Estos resultados evidencian una tendencia al mejoramiento del proceso de enseñanza-aprendizaje de la resolución de problemas matemáticos en la disciplina Matemática en la Escuela de Formación de Profesores para la Enseñanza Primaria "Ferraz Bomboko" de Huambo, República de Angola, lo que se manifiesta además en las transformaciones positivas del 100% de los indicadores. No obstante los indicadores que evalúan, el nivel de los conocimientos y las acciones para el proceso de resolución de problemas (acciones para la identificación, formulación y resolución de problemas fueron valoradas de regular, lo que demuestra que aún existen insuficiencias en estos procesos.

Al comparar los resultados del comportamiento de los indicadores al inicio y final del pre-experimento (Anexo 16) se apreció que:

En la dirección del proceso de enseñanza-aprendizaje de la resolución de problemas matemáticos en la disciplina Matemática, la evaluación del comportamiento de los seis indicadores fue cualitativamente superior, lo que demuestra avances con relación al estado inicial de la dimensión y un mejoramiento en la dirección del proceso.

En la actividad de los estudiantes y el grupo que favorecen el aprendizaje de la resolución de problemas, la evaluación de los ocho indicadores fue cualitativamente superior, lo que demuestra avances con relación al estado inicial de la dimensión y revela una tendencia al mejoramiento a pesar de que cuatro de ellos fueron evaluados de regular.

El análisis comparativo de los resultados del grupo en porciento, por categorías evaluativas, en correspondencia con el comportamiento de los resultados de los estudiantes en las pruebas inicial y final se evidencia, según la mediana, una tendencia a la mejoría (Ver anexo 16).

De los 141 estudiantes que integraron el grupo, 103 estudiantes (72,7%) mostraron una tendencia a cambios positivos. El empleo de la dócima de los signos permitió afirmar con un 99% de confiabilidad que existieron diferencias significativas en el aprendizaje de los estudiantes durante el proceso de enseñanza-aprendizaje de la disciplina Matemática, al menos sobre la base de los resultados obtenidos de la aplicación de las pruebas inicial y final. (Ver anexo 19)

**La implementación de la estrategia didáctica contribuyó:**

A la preparación teórico- metodológica de los profesores de la disciplina Matemática para la dirección del proceso de enseñanza-aprendizaje de la resolución de problemas matemáticos, fundamentalmente desde la integración de la enseñanza basada en problemas y la enseñanza de la resolución de problemas, así como el sistema de acciones para la identificación, formulación y resolución de problemas

A lograr en los estudiantes una mayor preparación para la resolución de problemas, en la utilización de las TIC en este proceso, así como en el establecimiento de relaciones entre los contenidos de la disciplina con los de la escuela primaria. Al tránsito progresivo de la dependencia a la independencia y la autorregulación de los estudiantes en la resolución de los ejercicios y problemas y el interés y la motivación por la resolución de problemas. A fortalecer en el grupo las relaciones interpersonales, como resultado de la realización de tareas en colectivo y del intercambio entre los estudiantes al valorar las reflexiones de los demás.

Los resultados obtenidos a partir de las acciones realizadas para la comprobación de la hipótesis experimental, permiten afirmar que la aplicación de la estrategia didáctica en

12mo de la Escuela de Formación de Profesores para la Enseñanza Primaria "Ferraz Bomboko" de Huambo transforma el estado actual del proceso de enseñanza-aprendizaje de la resolución de problemas matemáticos en la disciplina Matemática.

En correspondencia con lo anterior, se puede concluir que la aplicación de la estrategia didáctica elaborada favorece el proceso de enseñanza-aprendizaje de la resolución de problemas matemáticos en la disciplina Matemática en 12mo grado de la formación de profesores para la enseñanza primaria en el contexto angolano establecido.

**Conclusiones del capítulo**

La estrategia didáctica propuesta hace énfasis en las relaciones entre los componentes didácticos, en la integración sistémica de las tendencias de la enseñanza basada en problemas y la enseñanza de la resolución de problemas, en el uso de las TIC, de los procedimientos heurísticos, así como los componentes metacognitivos y afectivo de la resolución de problemas, en correspondencia con las necesidades formativas de los estudiantes en las acciones del profesor en la enseñanza y del estudiante y el grupo en el aprendizaje, que favorecen el aprendizaje de la resolución de problemas.

Los resultados de la consulta a especialistas y la aplicación de las etapas de la estrategia mediante la realización de un pre experimento permitieron comprobar que la estrategia didáctica elaborada es viable, pues se corroboran cambios en el proceso de enseñanza-aprendizaje de la resolución de problemas matemáticos en la disciplina Matemática en 12mo grado de la Escuela de Formación de Profesores para la Enseñanza Primaria "Ferraz Bomboko" de Huambo.

## CONCLUSIONES

El estudio teórico realizado propició la sistematización de los referentes teóricos y metodológicos que sustentan el proceso de enseñanza- aprendizaje de la resolución de problemas matemáticos, lo que posibilitó determinar cómo núcleos de la investigación, las exigencias de la formación del profesor en la República de Angola, las concepciones actuales acerca de la resolución de problemas matemáticos, así como el uso de las TIC y las concepciones de la Didáctica General que se concretan en la Didáctica de la Matemática.

El diagnóstico realizado permitió identificar las fortalezas y debilidades en cuanto a la resolución de problemas matemáticos. Los resultados evidenciaron insuficiencias en la dirección del proceso de enseñanza-aprendizaje de esta disciplina para resolución de problemas matemáticos y debilidades en el aprendizaje demostrado por los estudiantes y en sus resultados.

En la estrategia didáctica propuesta se hace énfasis en las relaciones entre los componentes didácticos a partir en la integración de las tendencias la enseñanza basada en problemas y la enseñanza de la resolución de problemas, en el uso de las TIC, de los procedimientos heurísticos, así como de los componentes metacognitivos y afectivo de la resolución de problemas y en las acciones del profesor en la enseñanza, del estudiante y el grupo que favorecen el aprendizaje de la resolución de problemas.

Los criterios emitidos por los especialistas consultados y los resultados del pre-experimento, permiten valorar como positivo el cumplimiento del objetivo de la investigación y brindar este resultado científico como una vía a la solución del problema científico.

RECOMENDACIONES

A partir de los resultados alcanzados con la implementación de la estrategia didáctica para el proceso de enseñanza-aprendizaje de la resolución de problemas matemáticos en la disciplina Matemática en la Escuela de Formación de Profesores para la Enseñanza Primaria "Ferraz Bomboko" Huambo, República de Angola se recomienda:

•Socializar la estrategia didáctica y sus resultados en la coordinación de Matemática y Física de la Escuela de Formación de Profesores para la Enseñanza Primaria "Ferraz Bomboko" Huambo, República de Angola.

• Incorporar los resultados teóricos y prácticos de la investigación a las concepciones del proceso de enseñanza de la disciplina Matemática en la formación de profesores para la enseñanza primaria de Huambo.

• El desarrollo de esta investigación no agotó todos los problemas relacionados con la resolución de problemas matemáticos en el proceso de enseñanza-aprendizaje de la disciplina Matemática en el 12mo grado en la formación de profesores para la enseñanza primaria, quedando abierta la posibilidad de futuras investigaciones que profundicen en esta temática en la disciplina en otros grados así como, en el uso de otros recursos que ofrecen las TIC y en el trabajo interdisciplinario de las disciplinas del grado para favorecer la resolución de problemas matemáticos.

**BIBLIOGRAFÍA**


- Abrantes. P. et al (2002). Avaliação das aprendizagens – das concepções às práticas.Lisboa: Ministério da Educação – Departamento da Educação Básica.
- Abreu, L. A. y Torres, P. G. (2014). Fundamentos teóricos para la introducción de los problemas contextualizados y la integración de las TIC en la enseñanza de la Matemática. Revista IPLAC (5). p 335-347. Disponible en URL: http://www.revista.iplac.rimed.cu
- Adão, P. (2012). Relación de la Reforma Educativa con las características económicas, políticas y sociales de la República de Angola. Luanda. Angola.
- Addine, F. (1998). Didáctica y optimización del proceso de enseñanza-aprendizaje. Soporte digital. La Habana: Instituto Pedagógico Latinoamericano y Caribeño.
- Addine, F. et al. (2003). Principios para la dirección del proceso pedagógico. Compendio de Pedagogía. La Habana: Editorial Pueblo y Educación.
- Addine, F. et al. (2004). Didáctica: Teoría y Práctica. Ciudad de La Habana. Editorial Pueblo y Educación.
- Albarrán, J. (2005). Sistema de acciones y operaciones que perfeccionen la instrumentación didáctica de la Instrucción Heurística en el proceso de enseñanza-aprendizaje de la Matemática en el nivel primario. [Tesis Doctoral]. Instituto Superior Pedagógico "Enrique José Varona". La Habana.
- Albarrán, J. (2006). Las formas de trabajo heurístico en el proceso de enseñanza-aprendizaje de la Matemática. En Suárez, C. Didáctica de la Matemática en la escuela primaria. La Habana: Editorial, Pueblo y Educación.

- Almeida, B. (2000). Estrategias heurísticas en la enseñanza de la matemática. ISP" Juan Marinello", Universidad Pedagógica, Matanzas, Cuba.
- Alonso, I. (2000). La resolución de problemas matemáticos. Una alternativa didáctica centrada en la representación. [Tesis Doctoral]. Universidad de Oriente. Cuba.
- Alonso, I. y Martínez, M. (2003). La resolución de problemas matemáticos. Una caracterización histórica de su aplicación como vía eficaz para la enseñanza de la matemática. En Revista Pedagogía Universitaria Vol. 8 No. 3. 2003.
- Álvarez, M. (2004). La resolución de problemas en el área de ciencias. En Interdisciplinariedad. Una aproximación desde la enseñanza aprendizaje de las ciencias. Ciudad de La Habana. Editorial Pueblo y Educación.
- Álvarez de Zayas, C. M. (1992). La escuela en la vida. La Habana: Editorial Félix Varela.
- Antibi, A. (1990). Tratamiento didáctico de los problemas matemáticos. Universidad de Tuloux. Francia.
- Añorga, J., et al. (2008). La parametrización en la investigación educativa. Material Impreso. La Habana: Instituto Superior Pedagógico "Enrique José Varona.
- Area, M. (1998). Los medios y las tecnologías en la educación. . Madrid. Editorial Pirámide.
- Area, M. (2003). Los medios de enseñanza: Conceptuación y tipología. Web de Tecnología Educativa. Universidad de la Laguna. Recuperado en htt://www.Ull.Es/departamentos/tecnologiaeducativa/documentos.htm.

- Artigue, M. (2011). La educación matemática como campo de investigación y como un campo de práctica: Resultados, Desafíos. Trabajo presentado en la XIII Conferencia Interamericana de Educación Matemática, Recife, Brasil.
- Assembleia Nacional. (2010 a). Decreto 90/09. Luanda, Angola.
- Assembleia Nacional. (2010 b). Lei Constitucional da República de Angola. Luanda, Angola.
- Assembleia Nacional. (2011). Diário da República de Angola. Luanda, Angola.
- Ballester, S., et al. (1992). Metodología de la enseñanza de la matemática T.I. Ciudad de La Habana: Editorial Pueblo y Educación.
- Ballester Pedroso, S. (1999). El planteamiento y la formulación de problemas en la asignatura Matemáticas. –pág. 78.- En Revista Varona # 28. enero – junio 1999. La Habana. Editorial Pueblo y Educación.
- Ballester, S., et al. (2000). Metodología de la enseñanza de la matemática T.II. La Habana, Cuba: Editorial Pueblo y Educación.
- Ballester, S., et al. (2002 a). El transcurso de las líneas directrices en los programas de matemática y la planificación de la enseñanza. La Habana. Editorial Pueblo y Educación.
- Ballester, S., et al. (2002 b). Cuaderno de tareas, ejercicios y problemas de Matemática. Séptimo grado. La Habana. Editorial Pueblo y Educación.
- Bermúdez, R. y Pérez, LM. (2004). Aprendizaje formativo y crecimiento personal. La Habana. Editorial Pueblo y Educación.

- Brousseau, G. (1998). Fondements et méthodes de la didactiques des mathématiques. En revista Recherchesen Didactiques des Mathématiques./Vol. 7, #2, /1998/
- Bustos, A. (2005). Estrategias didácticas para el uso de las TIC en la docencia universitaria presencial. Barcelona –Valparaíso: Pontificia Universidad Católica de Valparaíso.
- Caballero, C. (2000). La interdisciplinariedad de la Biología y la Geografía, con la Química: una estructura didáctica. [Tesis Doctoral]. Instituto Superior Pedagógico “Enrique José Varona”. La Habana, Cuba.
- Cabero, J. (2001). Tecnología educativa. Diseño y utilización de medios en la enseñanza. Barcelona, España. Editorial Paidós.
- Cabero, J. (2003). Las necesidades de las TIC en el ámbito educativo: oportunidades, riesgos y necesidades. Disponible en: http://investigacion.ilce.edu.mx/tyce/45/articulo1.pdf.
- Calamba, S. C. (2017). Una Estrategia Didáctica para el proceso de enseñanza-aprendizaje de la asignatura Análisis Matemático I en la Facultad de Economía de Huambo de la Universidad José Eduardo Dos Santos. [Tesis Doctoral]. UCPEJV. La Habana.
- Callejo,M.L. (2006). Creatividad matemática y resolución de problemas. Ko Apirila.
- Calzado, D. (2004). Un modelo de formas de organización del proceso de enseñanza-aprendizaje en la formación inicial del profesor. [Tesis Doctoral]. UCPEJV. La Habana.

- Campistrous, L. y Rizo, C. (1996). Aprender a resolver problemas aritméticos. La Habana: Editorial Pueblo y Educación.
- Campistrous, L. y Rizo, C. (1998).Indicadores e investigación educativa. Soporte digital. La Habana: Instituto Central de Ciencias Pedagógicas.
- Campistrous, L. y Rizo, C. (1999 a). Didáctica y resolución de problemas. La Habana: Editorial Academia.
- Campistrous, L. y Rizo, C. (1999 b). Algunas técnicas de resolución de problemas aritméticos. La Habana: Memorias Pedagogía 99.Curso 81.
- Campistrous, L. y Rizo, C. (2013). La resolución de problemas en la escuela. Trabajo presentado en el VII CIBEM, pp. 343 – 354. Montevideo, Uruguay.
- Capote, M. (2003). Una estructuración didáctica para la etapa de orientación en la solución de problemas con texto en el primer ciclo de la escuela primaria. [Tesis Doctoral]. Universidad “Hermanos Sainz Montes de Oca”. Pinar del Río, Cuba.
- Cassinela, E. (2015). Modelo didáctico para el proceso de enseñanza-aprendizaje de la Estadística Descriptiva en la formación de profesores de Geografía en el Instituto Superior de Ciencias de la Educación de Huambo-República de Angola. . [Tesis Doctoral]. Universidad de Ciencias Pedagógicas Enrique José Varona. La Habana, Cuba.
- Castellanos, D., et al. (2001). Aprender y enseñar en la escuela. La Habana: Editorial Pueblo y Educación.
- Castellanos, D. (2005). Estrategias para promover el aprendizaje desarrollador en el contexto escolar. La Habana: Sello editor Educación cubana.
- Castro, I. (1992). Cómo hacer Matemática con DERIVE. Reverté. Colombia.S.A.

- Castro, M.E. (2008). Resolución de problemas. Ideas, tendencias e influencias de España. Recuperado el 18 de marzo 2016 en http://funes.uniandes.edu.co/1191/1/Castro 2008.resolución_SEIEM_113.pdf.
- Cazau, P. (2005). Estilos de aprendizaje: generalidades. Chile. Recuperado de http://www.rmm.cl/index.php?ccsForm=Login.
- Celestino, J. M. (2014). Estrategia didáctica basada en la resolución de problemas para el tratamiento de los teoremas matemáticos en la disciplina Análisis Matemático. [Tesis Doctoral]. Santa Clara: Universidad Central "Marta Abreu" de las Villas.
- Chávez, J., et al. (2005). Acercamiento necesario a la Pedagogía General. La Habana, Cuba. Editorial Pueblo y Educación.
- Chimbinda, P. A. (2015). Una estrategia didáctica desarrolladora para perfeccionar el proceso de enseñanza-aprendizaje de la disciplina Análisis Matemático en la Escuela Superior Pedagógica de Bié en la República de Angola. [Tesis Doctoral]. UCPEJV. La Habana.
- Chindumbo, B. (2017). Estrategia didáctica para el desarrollo de habilidades matemáticas en el proceso de enseñanza-aprendizaje del Análisis Matemático I. [Tesis Doctoral]. UCPEJV. La Habana.
- Colectivo de autores. (1993). Hacia una eficiencia educativa. Una propuesta para el debate. La Habana. Editorial Científico-Técnica.
- Conselho de Ministros. (2001). Estrétegia integrada para a melhoria do sistema de educação, 2001-2005. Luanda. Angola.

- Crespo, E. (2007). Modelo didáctico sustentado en la heurística para el proceso de enseñanza - aprendizaje de la Matemática asistida por computadora. [Tesis Doctoral]. Universidad Pedagógica “Félix Varela”. Villa Clara.
- Cruz, M. (2002). Estrategia metacognitiva en la formulación de problemas para la enseñanza de la matemática. [Tesis Doctoral]. Instituto Superior Pedagógico “Rubén Martínez Villena”. La Habana.
- Cruz, M. (2009). El método Delphi en las investigaciones educacionales. La Habana. Editorial Academia. ISBN 978-959-270-152-6.
- Dante, L. R. (2011) Didática da resolução de problemas de matemática.V2. ed. São Paulo: Ática.
- Das Dores, JM. (2012).La enseñanza de técnicas de resolución de problemas en la formación de docentes de licenciatura en educación matemática del ISCED-Luanda/Angola. Resultados del estudio empírico. En Universidad 2012. La Habana.
- Das Dores, JM. (2014). Estrategia didáctica para la enseñanza de las técnicas de resolución de problemas en la formación de profesores en Angola. [Tesis Doctoral]. Universidad de Ciencias Pedagógicas “Enrique José Varona”. La Habana.
- Danilov, M. y Skatkin, M. (1978). Didáctica de la Escuela Media. (2da reimpresión). La Habana: Editorial Pueblo y Educación.
- Dávidson, Luis. (1995). ¡Qué todos los maestros cubanos sean cómo estos!. En Dávidson, L. y Reguera, R. Revista Educación. No 86 septiembre. – diciembre 1995. Segunda época. La Habana. Editorial Pueblo y Educación.
- De Armas, N. y Valle, A. (2011). Resultados científicos en la investigación educativa. Ciudad de La Habana. Editorial Pueblo y Educación.

- De Bofil, A., Flores H. y Rodríguez, M. (1995). A propósito de los problemas matemáticos. IX Reunión Centroamericana y del Caribe. Ciudad de la Habana.
- De Guzmán, M. (1983) Sobre la educación matemática. En Revista de Occidente, Número 26, pp. 37-48.
- De Guzmán, M. (1994). Para pensar mejor. Desarrollo de la creatividad a través de los procesos matemáticos. En INTERNET, Índice, Prólogo y Capítulo 0. Editorial Pirámide, Madrid.
- De Guzmán, M. (1998). El papel del matemático en la Educación Matemática /Conferencia en el Octavo Congreso Internacional de Educación Matemática ICME-8 (Sevilla 1996)/, publicada en las Actas del Congreso, Sociedad Andaluza de Educación Matemática "THALES", Sevilla.
- De Guzmán, M. (2001). La actividad subconsciente en la resolución de problemas. RED científica ciencia, tecnología y pensamiento, ISSN 1597 – 0223.
- De Guzmán, M. (2009) Tendencias innovadoras en Educación Matemática. Universidad Complutense de Madrid. Artículo descargado de "El paraíso de las matemáticas" En http //www.matemático.net.
- De la Fuente Martínez, C. (2009). Modelos matemáticos, resolución de problemas y proceso de creación y descubrimiento en Matemáticas. En Revista: Construcción de modelos matemáticos y resolución de problemas. Aulas de Verano. España. Estudios Gráficos Europeos S. A. ISBN 978-84-369-4766-3. pp 123-154.
- Delgado, J. R. (1999). La enseñanza de la resolución de problemas matemáticos. Dos elementos fundamentales para lograr su eficacia: la estructuración sistémica del

contenido de estudio y el desarrollo de las habilidades generales matemáticas. [Tesis Doctoral]. La Habana. Cuba.

- Demidovitch, B. (1993). Problemas y ejercicios de Análisis Matemático. Moscú: Editorial Mir.
- De Sosa, A. C. (2015).La superación profesional en tecnologías de la información y las comunicaciones de los docentes del Instituto Superior de Ciencias de la Educación de Luanda, Angola. [Tesis Doctoral]. ISPEJV. La Habana. Cuba.
- Diez, T. (2011). El uso del Applets en las Matemáticas de la enseñanza secundaria. Máster en Formación del Profesorado de Educación Secundaria. Universidad de Cantabria.
- Domingos, J. T. (2009). Resolução de problemas. Uma proposta para o desenvolvimento de habilidades dos estudantes do 2º ano de Matemática do ISCED-LUBANGO. Angola.
- Domingos, S. (2014). Resolução de problemas algébricos no 1º ano do curso de Matemática no ISCED-Huila. Angola. [Tese Doctoral]. Havana. Cuba.
- Dos Santos, J. (2012). A metodología de ensino da matemática por meio da resolução de problema: uma experiêcia com professores en formação. VII Epbm. Brasil.
- Estévez Nénninger, E. H. (2002). Enseñar a aprender. Estrategias cognitivas. Ediciones Paidós, México.
- Expósito, C. et al. (2000). Metodología de la Enseñanza de la Computación. Biblioteca digital para los ISP. Dirección de Computación Educacional del Ministerio de Educación. La Habana. Cuba.

- Expósito, C. et al. (2002). Elementos de Metodología de la Enseñanza de la Informática. La Habana: Pueblo y Educación.
- Fazenda, A. (2014). Modelo didáctico basado en la integración sistémica de los diferentes enfoques para la resolución de problemas [Tesis Doctoral]. Santa Clara: Universidad Central "Marta Abreu" de las Villas.
- Ferrer, M. (2000). La resolución de problemas en la estructuración de un sistema de habilidades matemáticas en la escuela media cubana [Tesis Doctoral]. Instituto Superior Pedagógico “Frank País”. Santiago de Cuba.
- Fiallo, J. (1996). Las relaciones intermateria: una vía para incrementar la calidad de la Educación. La Habana, Cuba: Editorial Pueblo y Educación.
- Fonte, A. (2003). Estrategias que utilizan los alumnos de Secundaria Básica para resolver problemas. [Tesis de Maestría]. Instituto Superior Pedagógico. “Enrique José Varona”. La Habana, Cuba.
- Fraga, D. (2009).Una estrategia didáctica desarrolladora para el proceso de enseñanza-aprendizaje de la Matemática y su Metodología I en la formación intensiva del profesor general integral de Secundaria Básica. [Tesis Doctoral]. Instituto Superior Pedagógico. “Enrique José Varona”. La Habana, Cuba.
- Fridman, L. M. (1991). Metodología para enseñar a resolver problemas matemáticos. En Revista. La matemática en la escuela No 5. Editorial Pedagógica Moscú.
- Gabriel, C.G y Gibert, E. M. (2015) La resolución de problemas matemáticos en la Escuela de Formación de profesores “Ferraz Bomboko” de Huambo-Angola. Sus fundamentos. PEDAGOGÍA 2015 Encuentro internacional por la Unidad de los Educadores. La Habana.

- Gabriel, C.G. (2017 a).Potencialidades del asistente matemático GeoGebra para fomentar la significatividad y la motivación en el aprendizaje de la matemática. En "Orbita Científica". No 97. V (2). mayo-junio .ISSN:1027-4472.RNPS 1805 folio 2 tomo III.
- Gabriel, C.G. (2017 b). Consideraciones acerca de la resolución de problemas matemáticos en la Escuela de formación de profesores para la enseñanza primaria "Ferraz Bomboko" de Huambo, República de Angola. En "Orbita Científica". No 98. V (2). septiembre-octubre .ISSN:1027-4472.RNPS 1805 folio 2 tomo III.
- Galperín, PA. (1986). Sobre el método de formación por etapas de las acciones intelectuales. Antología de la Psicología Pedagógica y de las edades. La Habana: Editorial Pueblo y Educación.
- Gascón, J. (2001). Incidencia del modelo epistemológico de las matemáticas sobre prácticas docentes. Relime, 4 (2), 103-128. Recuperado el 21 de octubre de 2012, en http://www.clame.org.mx/bdigital/relime/pdf/2001-4-2/2.pdf.
- Gaulin, C. (2001). Tendencias actuales de la resolución de problemas. Revista SIGMA Nº 19. Septiembre 2001. Iraila 2001. Pp.51-63. Transcripción de la conferencia pronunciada el día 15/12/2000 en el Palacio Euskalduna (Bilbao).
- Gibert, E. M. (2012). Una alternativa didáctica para la estructuración del proceso de enseñanza-aprendizaje en las clases de la asignatura Matemática en la Educación Secundaria Básica. [Tesis Doctoral]. UCP "Enrique José Varona". La Habana, Cuba.
- Gil, D. y De Guzmán, M. (1995). Enseñanzas de la Ciencia y la Matemática. Tendencias e innovaciones. Madrid: Editorial Popular, S.A.

- Godino, J. D. (1993). Paradigmas, problemas y metodologías en didáctica de la Matemática. Quadrante, 2 (1).
- Godino, J. D. (2002). Competencia y comprensión matemática: ¿qué son y cómo se consiguen? UNO, (29). Barcelona. España. Editorial Grao.
- Gómez, P. (2007). Desarrollo del conocimiento didáctico en un plan de formación inicial de profesores de Matemática de secundaria. [Tesis Doctoral]. Universidad de Granada. España.
- González, A. M., et al. (2002). Nociones de psicología y pedagogía. La Habana. Editorial Pueblo y Educación.
- González, D. (2001). La superación de los maestros primarios en la formulación de problemas Matemáticos. [Tesis Doctoral]. Instituto Superior Pedagógico "Enrique José Varona". Ciudad de la Habana.
- González, M. (2001). Una propuesta didáctica para contribuir al perfeccionamiento de proceso de enseñanza-aprendizaje de la resolución de problemas geométricos de demostración y de cálculo en el nivel medio. [Tesis Doctoral]. Instituto Superior Pedagógico "Enrique José Varona". La Habana.
- González, M.C. (2006). Propuesta didáctica para la aplicación de la enseñanza basada en problemas a la formación semipresencial en la disciplina de Geometría. [Tesis Doctoral]. Universidad de Ciencias Pedagógicas "Enrique José Varona". La Habana, Cuba.
- Governo da República de Angola. (2001). Estratégia Integrada para a Melhoria do Sistema de Educação (2001-2015). Luanda: Ministério da Educação e Cultura. Ministério do Planeamento e Secretariado do Conselho de Ministros.

- Hernández, H. (1989). El perfeccionamiento de la enseñanza de la matemática en la Enseñanza Superior cubana. Experiencia en el Álgebra Lineal. [Tesis Doctoral]. Ciudad de La Habana, Cuba.
- Hernández, H. (2000). Metodología de la Matemática. La Habana. Editorial Pueblo y Educación.
- Jiménez, MH. (2000). Propuesta para mejorar la referencia y aplicación de los saberes del Análisis Matemático en la formación de profesores. [Tesis Doctoral]. ISPEJV. Ciudad de La Habana, Cuba.
- Jiménez, MH. (2005). Propuesta para propiciar un aprendizaje desarrollador de la Matemática. La Habana. ISPEJV.
- Jiménez, MH. (2013). Propuesta para una didáctica del Análisis Matemático en la formación profesional. Ciudad de La Habana. Editorial Ediciones cubanas.
- Jamba, M. (2008). Metodología para la enseñanza desarrolladora del Álgebra Lineal en la modalidad a distancia con el uso de las TIC en la carrera de economía. [Tesis Doctoral]. Ciudad de la Habana, Cuba. ISPEJV.
- Jungk, W. (1979). Conferencias Sobre metodología de la enseñanza de la Matemática 1. Cuidad de La Habana: Editoral Pueblo y Educación.
- Jungk, W. (1979). Conferencias sobre metodología de la enseñanza de la Matemática 2. Cuidad de La Habana: Editoral Pueblo y Educación.
- Kaiber, C.T. y Renz, S. P. (2005). Uma proposta metodológica para o ensino do Cálculo Diferencial e Integral. (Anais V Congresso Ibero-americano de educação matemática). Porto: Associação de Professores de Matemática.

- Klingberg, L. (1972). Introducción a la didáctica general. La Habana. Editorial Pueblo y Educación.
- Kuabi, F. M. (2014). El proceso de enseñanza - aprendizaje de las ecuaciones diferenciales ordinarias: una estrategia didáctica con integración de las tecnologías de la información y las comunicaciones en el Instituto Superior de Ciencias de la Educación de Cabinda. [Tesis doctoral]. UCPEJ. Varona, La Habana, Cuba.
- Labarrere, A. (1988). Cómo enseñar a los alumnos de primaria a resolver problemas. La Habana. Editorial Pueblo y Educación.
- Labarrere A. (2000). Solución de problemas y desarrollo del pensamiento matemático en la escuela. Conferencia Magistral en evento TEMICE 2000.
- Labarrere, G. y Valdivia, G. (1986). Pedagogía. La Habana. Editorial Pueblo y Educación.
- Lei de Bases do Sistema de Educação. (2001). Assembleia Nacional. República de Angola.
- Lei de Bases do Sistema de Educação e Ensino. (2016). Assembleia Nacional. República de Angola.
- Ley No 5/73 de 25 junio. Diario de la República. Órgano oficial de la República de Angola.
- Leontiev, A.N. (1982). Actividad, conciencia y personalidad. La Habana: Editorial Pueblo y Educación.
- Lima, S. (2005). La mediación pedagógica con uso de las tecnologías de la información y las comunicaciones (TIC). La Habana, Cuba. Editorial Educación Cubana.

- Lima, S. (2014). La educación matemática con integración de las TIC. (XVI Evento Internacional de la Enseñanza de la Matemática, Estadística y Computación "MATECOMPU 2014"). Varadero, Matanzas, Cuba.
- Llivina, M. (1999). Una propuesta metodológica para contribuir al desarrollo de la capacidad para resolver problemas matemáticos. [Tesis Doctoral]. ISPEJV, La Habana.
- Llivina, M. et al. (2000). Un sistema básico de competencias matemáticas. En Centro de Estudios Educacionales ISPEJV. La Habana.
- Majmutov, M.I. (1983). La enseñanza problémica. La Habana. Editorial Pueblo y Educación.
- Martínez, M. (1981). La enseñanza problémica. En Revista Educación. /octubre. – diciembre, 1981/, #43. La Habana. Editorial Pueblo y Educación.
- Martínez, M. (1986). Fundamentos teóricos y metodológicos de la enseñanza problémica. En Cursos Pre-reunión, Evento Pedagogía 86.
- Mateus, J. (2008). La enseñanza y el aprendizaje del Álgebra: Una concepción didáctica mediante sistemas informáticos. [Tesis Doctoral]. ISPEJV. La Habana, Cuba.
- Mazarío, I. (1999). El desarrollo de habilidades en la resolución de problemas. Revista Cubana de Educación Superior. Vol. XIX.No.2, La Habana, pp. 37-44.
- Mederos, O. y González, B. E. (2005). La modelación en la Educación Matemática. Saltillo. México: Universidad Autónoma de Coahuila.
- Ministério da Educação. (2004). Currículo de Formação de professores. INIDE. Luanda-Angola.

- Ministério da Educação. (2006). Plano de implementação das Linhas Mestras para a melhoria da gestão do subsistema do Ensino Superior. Luanda, República de Angola.
- Ministério da Educação. (2007). Plano Mestre de Formação de Professores em Angola, Documento Técnico. Luanda.
- Ministério da Educação e Cultura. (2008). Decreto no 7/08 de 22/04/2008 sobre o sistema de avaliação do desempenho na Educação de quadro a matriz do novo estatuto orgânico da carreira docente. Luanda: Gobernó de Angola.
- Ministério de Educación. (2012). Programa de la Disciplina Matemática del 12mo Escuela de Formación de Profesores para la enseñanza primaria – Angola.
- Monteiro, A. at al. (2009). Formação inicial de professores em Angola. Problemas e desafios. Luanda-Angola.
- Müller, H. (1986). Formas del trabajo heurístico en la enseñanza de la Matemática, en Boletín de la Sociedad Cubana de Matemática y Computación No. 6.
- Müller, H. (1989). El trabajo heurístico y la ejercitación en la enseñanza de la Matemática en la EGPL. ISP "Frank País", impresión ligera. Santiago de Cuba.
- Muñoz, J. (2015). Enseñanza basada en la resolución de problemas: distancia entre el conocimiento teórico y el saber común. [Tesis Doctoral]. Universidad Autónoma de Barcelona. España.
- National Academy Press. (2004). Saber qué saben los estudiantes: la ciencia y el diseño de la evaluación educativa. Resumen ejecutivo del libro "Knowing what students know: the science and design of educational assessment" (T. Nelson Oviedo, trad.). Recuperado de http://www.eduteka.org/.

- Neuner, G., et al. (1981). Pedagogía. La Habana. Editorial Libros para la Educación.
- Palacios, J. (2002). Los problemas matemáticos vinculados con la vida. La Habana. Editorial Pueblo y Educación.
- Parra, I. (2002). Modelo didáctico para contribuir a la dirección del desarrollo de la competencia didáctica del profesional de la educación en la formación inicial. [Tesis Doctoral]. Instituto Superior Pedagógico "Enrique José Varona". La Habana, Cuba.
- Perera, F. (2000). Formación interdisciplinaria de los profesores de ciencias. Un ejemplo en el PEA de la Física. [Tesis Doctoral]. Instituto Superior Pedagógico "Enrique José Varona". La Habana, Cuba.
- Piskunov, N. (1980). Cálculo Diferencial e Integral. (t. 2). Moscú. Editorial Mir.
- Pozo, J. I. (1995). Aprendizaje de estrategias para la solución de problemas en ciencias. –pág. 16 – 26-. /Juan Ignacio Pozo. [et al]/. En Revista Didáctica de las Ciencias Experimentales /julio 1995/, #5, Alambique.
- Polya, G. (1965). Cómo plantear y resolver problemas. Distrito Federal, México Editorial Trillas.
- Púcuta, M. J. (2016). El cálculo integral y sus aplicaciones. Una estrategia Didáctica con integración da las tecnologías de la Información y la comunicación en el ISCED de Cabinda. [Tesis Doctoral]. UCPEJV, La Habana.
- Pupo, R. (1990). La actividad como categoría filosófica. La Habana. Editorial Ciencias Sociales.
- Quintana, A. (2011) Estrategia didáctica para el proceso de enseñanza-aprendizaje del procesamiento de datos en la asignatura Matemática en la Educación

Secundaria Básica. [Tesis Doctoral]. Instituto Superior Pedagógico "Enrique José Varona". La Habana.

- Quitembo, J. A. (2010). Formação de professores de Matemática no Instituto Superior de Ciências de Educação em Benguela-Angola. Um estudo sobre o seu desenvolvimento. [Dissertação apresentada para a obtenção do grau de Doutor em Educação a especialidade de Didáctica da Matemática]. Lisboa-Portugal.
- Ravelo, R. (2004). La enseñanza basada en problemas y las transformaciones de la asignatura Matemática en el Preuniversitario. [Tesis de Maestría]. Instituto Superior Pedagógico "Enrique José Varona". La Habana.
- Rebollar, A. (2000). Una variante para la estructuración del proceso de enseñanza-aprendizaje de la Matemática, a partir de una nueva forma de organizar el contenido, en la escuela media cubana. [Tesis Doctoral]. Instituto Superior Pedagógico "Frank País García". Santiago de Cuba.
- Rico, P., et. al. (2004). Proceso de enseñanza-aprendizaje desarrollador en la escuela primaria. Ciudad de La Habana. Editorial Pueblo y Educación.
- Rodríguez, J. B. (2003). Una propuesta metodológica para la utilización de las tecnologías de la información y las comunicaciones en el proceso de enseñanza-aprendizaje de las funciones matemáticas. [Tesis Doctoral]. ISPEJV La Habana.
- Rodríguez, M.A. (2015). La personalidad su diagnóstico y su desarrollo. La Habana. Editorial Pueblo y Educación.
- Rodríguez, M. L. (2008). La teoría del aprendizaje significativo. Centro de Educaciòn a Distancia (C.E.A.D.). C/ Pedro Suárez Hernández, s/n. C.P. nº 38009. Santa Cruz de Tenerife. [Versión electrónica].

- Roegiers, X. (2007). Formar Professores hoje. Luanda, Angola. Edições Nova.
- Ron, J. (2007). Una estrategia didáctica para el proceso de enseñanza-aprendizaje de la resolución de problemas en las clases de Matemática en la Educación Secundaria Básica. [Tesis Doctoral]. ISPEJV. La Habana.
- Rubinstein, SL. (1977). Principios de psicología general. La Habana. Editorial Pueblo y Educación.
- Ruiz, A. M. (2006). Procedimientos y medios para relacionar constructos, dimensiones, indicadores y medición en la investigación pedagógica (curso post-evento). En A. Chinea, J. Medina y I., Cabezas (Eds.), Actas del Evento Provincial Pedagogía 2007. ISP Silverio Blanco. Sancti Spíritus. Cuba.
- Sachipia, J. (2015). Estrategia didáctica basada en la resolución de problemas para el tratamiento de teoremas matemáticos en el proceso de enseñanza - aprendizaje del Análisis Matemático. [Tesis Doctoral]. Instituto Superior Pedagógico “Enrique José Varona”, La Habana, Cuba.
- Salazar, D. (2001). La formación interdisciplinaria del futuro profesor de Biología en la actividad científico-investigativa. [Tesis Doctoral]. Instituto Superior Pedagógico “Enrique José Varona”.La Habana, Cuba.
- Santana, H. (1999). La Instrucción Heurística en la escuela y en la formación de profesores. Pedagogía 99. Material digitalizado.
- Santos J. (2005). Educação em Angola. Perspectivas para o desenvolvimento. Luanda, Angola.

- Santos Trigo, LM. (1997) Principios y métodos en la resolución de problemas en el aprendizaje de las matemáticas. Centro de investigación de estudios avanzados del IPN. Grupo editorial Iberoamérica. Segunda edición, México.
- Schöenfeld, A. (1985). Mathematical problem solving. New York Academic Press.
- Schöenfeld. A. (1991) Ideas y tendencias en la resolución de problemas EPIPVBLI. SA. Buenos Aires.
- Sigarreta, JM. (2001). Incidencia del tratamiento de los problemas matemáticos en la formación de valores. [Tesis Doctoral]. ISP "José de la Luz y Caballero". Holguín, Cuba.
- Silvestre, M. y Zilberstein,J.(2000). Enseñanza y aprendizaje desarrollador. México: Ediciones CEIDE.
- Silvestre, M. y Zilberstein, J (2002).Hacia una didáctica desarrolladora. La Habana: Editorial Pueblo y Educación.
- Sousa, J. (2015). La superación profesional en tecnologías de la información y las comunicaciones de los docentes del Instituto Superior de Ciencias de la Educación en Huambo, Angola. [Tesis Doctoral]. Universidad de Ciencias Pedagógicas "Enrique José Varona". La Habana, Cuba.
- Sousa, T. (2017). Concepción didáctica para el proceso de enseñanza y aprendizaje de la resolución de problemas matemáticos en el primer ciclo de la enseñanza secundaria en la República de Angola. [Tesis Doctoral]. UCPEJV. La Habana.

- Suárez, C. (2004). La identificación de problemas matemáticos en la educación primaria. [Tesis Doctoral]. Instituto Superior Pedagógico "Enrique José Varona". Ciudad de la Habana, Cuba.
- Sungo, S. (2007). Aiternativa metodológica para melhorar o ensino e aprendizagem da Matemática pelo uso de procedimentos. Angola. Editora Mayamba.
- Talízina, N. (1988). Psicología de la enseñanza. Moscú. Editorial Progreso.
- Torres, P. (1993): La enseñanza problémica de la Matemática en el nivel Medio Básico. [Tesis Doctoral]. Instituto Superior Pedagógico "Enrique José Varona. La Habana, Cuba.
- Torres, P. (2000) La instrucción heurística de la matemática escolar ESPEJV (Material digital pp 14-15) La Habana.
- Valcárcel, N. (1998). Estrategia interdisciplinaria de superación para profesores de Ciencias en la Enseñanza Media. [Tesis Doctoral]. ISPEJV. La Habana, Cuba.
- Valdivia, M. (2009). Una estrategia didáctica para la dirección del aprendizaje de los procedimientos heurísticos en la asignatura matemática y su metodología de la licenciatura en Educación en el área de Ciencias Exactas. [Tesis Doctoral]. ISP "Juan Marinello". Matanzas.
- Valle, A. (2007). Metamodelos de la investigación pedagógica. La Habana.
- Valle, A. (2010). La investigación pedagógica. Otra mirada. La Habana.
- Vigotski, L. S. (1978). El desarrollo de los procesos psicológicos superiores. Barcelona. Editorial Crítica.
- Vila, A. (2004). Matemática para aprender a pensar. El papel de las creencias en la resolución de problemas. Madrid. Editorial Narcea.

- Vilanova, S. (1999). El papel de la resolución de problemas en el aprendizaje. Departamento de Matemática. Universidad Nacional de Mar del Plata. Argentina.
- Wongo, E. G. et al. (2015). Estrategia didáctica para el perfeccionamiento del proceso de formación interpretativa en la matemática superior; Vol. 15, (2). Disponible en URL: http://dx.doi.org/10.15517/aie.v15i2.18954. Consultado: 1° de mayo de 2015.
- Zau, F. (2009). Educação em Angola. Novos trilhos de Desenvolvimento. Luanda.
- Zilberstein, J. (1999). Didáctica integradora de las ciencias vs didáctica tradicional. Experiencia cubana. En Memorias del evento Didáctica de las Ciencias.
- Zilberstein, J. y Portela, R. (2002). Una concepción desarrolladora de la motivación y el aprendizaje de las Ciencias. En Memorias del evento Didáctica de las Ciencias.
- Zilberstein, J. y Silvestre, M. (2004). Didáctica desarrolladora desde el enfoque histórico cultural. México: Editorial CEIDE.
- Zillmer, W. (1981). Complementos de Metodología de la Enseñanza de la Matemática. La Habana. Editorial Libros para la Educación.
- Zinga, A. (2012). Estrategia de profesionalización para el perfeccionamiento del desempeño profesional pedagógico del maestro primario de la Provincia de Kwanza Sur de la República de Angola. [Tesis Doctoral]. La Habana: UCPEJV.

## Anexo 1

### Descripción de las dimensiones e indicadores

**Dimensión 1: Dirección del proceso de enseñanza-aprendizaje de la resolución de problemas matemáticos en la disciplina Matemática**

Se refiere a los aspectos que caracterizan la preparación del profesor para dirigir el proceso de enseñanza-aprendizaje de la resolución de problemas matemáticos en la formación de profesores para la enseñanza primaria desde el contenido de la disciplina Matemática y su didáctica, a partir de la integración sistémica del PEA basado en problema y del PEA de la resolución de problemas así como de las acciones de identificación, formulación y resolución; del uso de las TIC en este proceso; las influencias que ejerce el profesor para favorecer el aprendizaje de la resolución de problemas y el dominio de los componentes didácticos que permiten dirigir el proceso desde la clase y mediante tareas que potencien el desarrollo de los estudiantes . Esta dimensión agrupó los indicadores siguientes:

**1.1 Preparación de los profesores para dirigir el proceso de enseñanza-aprendizaje de la resolución de problemas matemáticos en la formación del profesor para la enseñanza primaria**

Se refiere a los aspectos que caracterizan la preparación del profesor en cuanto a: dominio del contenido de la disciplina Matemática en aspectos relacionados con las sucesiones numéricas, límite y continuidad de funciones de una variable real y cálculo diferencial, así como en la didáctica para dirigir el proceso de enseñanza-aprendizaje de la resolución de problemas a partir de la integración sistémica del PEA basado en problemas y del PEA de la resolución de problemas así como de las acciones de identificación, formulación y resolución.

**1.2 Preparación de los profesores en el uso de las TIC, en particular los programas informáticos DERIVE y GeoGebra, para dirigir el PEA de la resolución de problemas en la disciplina Matemática en la formación del profesor para la enseñanza primaria**

Se refiere a los aspectos que caracterizan la preparación del profesor en cuanto a: dominio de las TIC, en particular de los programas informáticos DERIVE y GeoGebra, así como de sus potencialidades para para dirigir el proceso de enseñanza-aprendizaje de la resolución de problemas a partir de la integración sistémica del PEA basado en problemas y del PEA de la resolución de problemas.

**1.3 Dominio de los componentes didácticos que permiten dirigir el proceso de enseñanza-aprendizaje de la resolución de problemas matemáticos en la disciplina Matemática en la formación del profesor para la enseñanza primaria**

Se refiere al dominio que tiene el profesor de los componentes didácticos del proceso de enseñanza-aprendizaje que le facilitan dirigir el proceso de enseñanza-aprendizaje de la resolución de problemas (objetivos, contenidos, métodos, medios, formas de organización del proceso y evaluación) manifiesto en la interrelación entre ellos desde el programa y en la preparación y ejecución de sus clases, tanto para el tratamiento del contenido como para el desarrollo de habilidades y la aplicación de estrategias para el aprendizaje.

1.4 **Potencialidades de la tarea para el aprendizaje de la resolución de problemas matemáticos en la disciplina Matemática en la formación del profesor para la enseñanza primaria** Se refiere a la calidad de las tareas que propone el profesor para realizar en la clase y fuera de ella, lo que se manifiesta en la variedad, que permitan relacionar los conocimientos previos con los nuevos para construir los conocimientos propios, que exijan niveles crecientes de asimilación, la utilización de procedimientos heurísticos, la utilización de estrategias cognitivas y metacognitivas, así como el trabajo colectivo con implicaciones individuales.

**1.5 Utilización de las TIC en el proceso de enseñanza-aprendizaje de la resolución de problemas matemáticos en la disciplina Matemática en la formación del profesor para la enseñanza primaria**

Se refiere a las manifestaciones del profesor para promover y orientar el uso de las TIC, en particular los programas informáticos DERIVE y/o GeoGebra en el PEA de la resolución de problemas matemático que se modelan o cuya solución utilice el límite de sucesiones numéricas y de funciones elementales y la derivación de funciones y sus propiedades.

**1.6 Influencias del profesor para favorecer el aprendizaje de la resolución de problemas matemáticos en la disciplina Matemática en la formación del profesor para la enseñanza primaria**

Se refiere a las influencias que ejerce el profesor durante el proceso de enseñanza- aprendizaje de la resolución de problemas matemáticos, manifiesta en las posibilidades que ofrece a sus estudiantes para que participen activamente, de manera regulada y consciente e intenten resolver problemas de manera independiente, así como que relacionen el contenido con situaciones de la vida, otros contenidos del currículo, con otras ciencias, con la historia de la matemática y con la profesión; Ofrece orientaciones sobre cómo resolver **problemas matemáticos** de manera general y en particular los que se modelan o cuya solución utilice el límite de sucesiones numéricas y de funciones elementales y la derivación de funciones y sus propiedades en correspondencia con las necesidades formativas de los estudiantes; promueve la reflexión y regulación metacognitiva y exige que expliquen la vía utilizada al solucionar un problema y analiza con ellos en qué otros casos se puede aplicar la vía utilizada.

**Dimensión 2: Actividad de los estudiantes y el grupo que favorecen el aprendizaje de la resolución de problemas matemáticos**

Se refiere a los aspectos que caracterizan la actividad de los estudiantes y el grupo, al dominio de los contenidos conceptuales (conceptos, teoremas y procedimientos) relativos a: sucesiones numéricas, límite, continuidad y derivación de funciones reales de una variable real, así como del sistema de acciones para el proceso de resolución de problemas matemáticos, a los recursos que va a disponer para autorregular su conducta , lo que se concreta en el éxito de la realización de las actividades durante la clase y en las evaluaciones. A las manifestaciones de los estudiantes que reflejan el nivel de satisfacción individual en su actuación en el proceso de resolución de problemas matemáticas en el proceso de enseñanza - aprendizaje de la disciplina Matemática I y a las relaciones que se establecen desde la asignatura con su perfil profesional. Esta dimensión agrupó los indicadores:

**2.1 Participación activa, reflexiva, regulada y significativa en el proceso de aprendizaje de la resolución de problemas matemáticos.**

Se refiere a la participación de los estudiantes y el grupo durante el proceso, dado por su independencia en la realización de acciones para identificar, resolver y formular problemas con flexibilidad de pensamiento, racionalidad al trabajar, utilización de diferentes vías y explicación de la vía utilizada al resolverlos; referir la forma que pensaron para solucionar el problema, la manera en que comprueban su solución y las diferentes vías utilizadas, demostrando autorregulación; a la posibilidad de aplicación por los estudiantes de los conocimientos anteriores y su experiencia al aprender nuevos contenidos, a relacionar el contenido con situaciones de la vida, con otros contenidos del currículo, con otras ciencias, así como con la historia de la matemática.

**2.2 Interés y motivación por el aprendizaje de la resolución de problemas matemáticos**

Se refiere al interés y motivación mostrado por los estudiantes durante el proceso lo que se manifiesta en la necesidad de búsqueda de la información, del uso de las tecnologías, de las diferentes formas de organizarse en la clases, en la responsabilidad ante el cumplimiento de las tareas, en la manifestación por el gusto de las clases de resolución de problemas y para resolver problemas en sí mismo.

**2.3 Utilización de las TIC en el aprendizaje de la resolución de problemas matemáticos**

Se caracteriza por la utilización por parte de los estudiantes de las TIC, en particular de los programas informáticos DERIVE y/o GeoGebra como medio en el proceso de aprendizaje de la resolución de problemas matemáticos.

**2.4 Utilización de estrategias metacognitivas en el proceso de aprendizaje de la resolución de problemas matemáticos**

Se refiere a la manera en que los estudiantes interpretan las condiciones de las tareas, planifican y controlan la ejecución de la tarea, buscan otras vías y reorganizan los pasos seguidos de manera que puedan dar solución a la tarea y reflexionan acerca de cómo emplearon los contenidos conceptuales y de las acciones que los condujeron al éxito, fracaso y/o dificultades cuando resuelven los ejercicios o problemas.

**2.5 Establecimiento de relaciones desde la resolución de problemas matemáticos con la profesión**

Se refiere a las relaciones que establecen los estudiantes desde la asignatura con los contenidos de la escuela primaria.

**2.6 Dominio del sistema de conocimientos relativos a sucesiones numéricas, límite y continuidad de funciones de una variable real y el cálculo diferencial**

Se refiere al dominio de los conceptos, proposiciones y procedimientos (algorítmicos y heurísticos) básicos y necesarios para su aplicación en la resolución de problemas que se modelan o cuya solución utilice el límite de sucesiones numéricas y de funciones elementales y la derivación de funciones y sus propiedades.

**2.7 Dominio del sistema de acciones para el proceso de resolución de problemas matemáticos (acciones para la identificación, formulación y resolución de problemas)**

Se refiere al dominio de las acciones que se realizan al identificar, al resolver y al formular problemas durante el proceso, con énfasis en la aplicación de las tareas que se proponen en las fases del programa heurístico general para la resolución de problemas, y ser capaz de realizar acciones tales como: comprender el problema, separar lo dado de lo buscado, confeccionar (de ser posible) figuras de análisis, representar relaciones contenidas en el texto, buscar la idea de la solución, realizar el planteo matemático para la solución, resolver el modelo matemático y evaluar la solución y la vía.

**2.8 Éxito en la resolución de problemas matemáticos que se modelan o cuya solución utilice el límite de sucesiones numéricas y de funciones elementales y la derivación de una función y sus propiedades**

Se considera éxito en la resolución de problemas cuando en las clases se aprecia que el alumno resuelve correctamente la mayoría de los problemas de forma independiente y cuando en la prueba pedagógica aplicada, resuelven correctamente el 60% de los problemas propuestos.

## Anexo 2

**Encuesta a los especialistas para la valoración de la operacionalización de la variable.**

Estimado profesor:

Con el objetivo de contribuir al proceso de enseñanza-aprendizaje de la resolución de problemas matemáticos en la disciplina Matemática en 12mo grado de la Escuela de Formación de Profesores para la Enseñanza Primaria "Ferraz bomboko" de Huambo, República de Angola, se realiza una investigación en esta área y se elaboró una definición conceptual y operacional del proceso de enseñanza-aprendizaje de la resolución de problemas matemáticos en la disciplina Matemática en 12 grado de escuela la formación de profesores para la enseñanza primaria.

Son conocidos los logros alcanzados en su desempeño profesional y la gran experiencia que usted posee como profesor de la disciplina, por lo que estamos solicitando que emita sus criterios para la valoración de esta propuesta, lo más objetivamente posible. Recuerde que sus aportes serán muy valiosos para el estudio y los resultados. Sus opiniones serán objeto de la más estricta confidencialidad. Muchas gracias por su colaboración.

**Datos generales:**

a) Institución a que pertenece ______________________________

b) Años de experiencia como profesor______________________________

c) Grado Científico o Título Académico: ______________________________

d) Categoría docente si es docente universitario: ______________________________

e) País _______

Lea detenidamente el documento adjunto, analice cada una de sus partes y valore de acuerdo con sus conocimientos y experiencias, cada uno de los aspectos que se presentan en la tabla para tal fin.

Señale con una X, la casilla que mejor represente su opinión en cuanto a la valoración que hace de acuerdo a la siguiente escala:

**MA** -Muy adecuado**, BA** - Bastante adecuado**, A** - Adecuado, **PA** - Poco adecuado **y NA** - No adecuado.

Para la evaluación puede orientarse por la siguiente descripción de cada puntaje:

(MA). La redacción es clara donde se aprecia precisión en sus términos y se expresan las características, necesarias y suficientes, del por qué se incluye en la operacionalización de la variable.

(BA). La redacción es clara donde se aprecia precisión en sus términos y se expresan las características esenciales del por qué se incluye en la operacionalización de la variable, pero no se revelan explícitamente algunas otras características a tener en cuenta.

(A). La redacción es clara donde se revela lo esencial, pero no se expresan explícitamente las características del por qué se incluye en la operacionalización de la variable.

(PA). La redacción no es clara por lo que se aprecia imprecisión en sus términos y no se expresan las características esenciales del por qué se incluye en la operacionalización de la variable.

(NA). No se ajusta a las particularidades del porqué se incluye en la operacionalización de la variable.

| **Aspectos a evaluar** | **MA** | **BA** | **A** | **PA** | **NA** |
|---|---|---|---|---|---|
| Definición de la variable proceso de enseñanza-aprendizaje de la resolución de problemas matemáticos en la disciplina Matemática en 12mo grado de la escuela de formación de profesores para la enseñanza primaria. | | | | | |
| Determinación de las dimensiones. | | | | | |
| Descripción del contenido de las dimensiones. | | | | | |
| Determinación de los indicadores. | | | | | |
| Determinación del contenido de los indicadores. | | | | | |
| Comportamiento general | | | | | |

¿Desea hacer alguna valoración u ofrecer alguna sugerencia?

Resultados de la encuesta aplicada a los especialistas

| **Aspectos a evaluar** | **MA** | **BA** | **A** | **PA** | **NA** | **Mediana** |
|---|---|---|---|---|---|---|
| Definición de la variable proceso de enseñanza-aprendizaje de la resolución de problemas matemáticos en la | 14 | 7 | 1 | 0 | 0 | Muy Adecuado |

| disciplina Matemática en 12mo grado de la escuela de formación de profesores para la enseñanza primaria. | | | | | | |
|---|---|---|---|---|---|---|
| Determinación de las dimensiones. | 5 | 14 | 3 | 0 | 0 | Bastante Adecuado |
| Descripción del contenido de las dimensiones. | 8 | 14 | 0 | 0 | 0 | Bastante Adecuado |
| Determinación de los indicadores. | 12 | 7 | 3 | 0 | 0 | Muy Adecuado |
| Determinación del contenido de los indicadores. | 8 | 13 | 0 | 1 | 0 | Bastante Adecuado |
| Suma y comportamiento general según la mediana | 47 | 55 | 7 | 1 | | Bastante Adecuado |

## Anexo 3

## Guía para el análisis de los documentos normativos

**Objetivo:** Conocer cómo se precisan en los documentos normativos las exigencias didácticas para la resolución de problemas matemáticos.

**El proceso de enseñanza y aprendizaje en la resolución de problemas matemáticos.**

- ✓ **En la Ley de Bases del Sistema de Educación.**
  Se incluye desde los objetivos del subsistema la importancia de la resolución de problemas en la formación de los estudiantes.
- ✓ **En el programa de la disciplina**

Se incluyen orientaciones a los profesores para la dirección de un exitoso proceso de enseñanza-aprendizaje de la resolución de problemas matemáticos.

**Objetivos:**

¿Se incluyen objetivos relacionados con el proceso de enseñanza y aprendizaje en la resolución de problemas, que incluyen la identificación, la resolución y la formulación?

¿Es adecuada su determinación y formulación?

¿Se aprecia un nivel creciente de exigencia en los objetivos de un grado a otro?

¿Incluyen los conocimientos y las habilidades?

¿Revelan el aspecto formativo y la contribución a la formación de valores?

**Contenidos:**

¿Se evidencian los contenidos esenciales que plantean los objetivos?

¿Se declara explícitamente como contenido la identificación, resolución y formulación de problemas matemáticos?

¿Los contenidos incluyen la base de conocimientos, las habilidades, estrategias de aprendizaje y los valores a formar mediante la resolución de problemas matemáticos?

¿Se evidencia la relación entre conocimientos y habilidades?

¿Es suficiente el tiempo que se dedica a la resolución de problemas?

¿La ubicación de los contenidos relacionados con la resolución de problemas en el programa favorece su apropiación y desarrollo de las habilidades?

**Métodos:**

¿Se declaran los métodos a utilizar para el tratamiento del contenido y de la resolución de problemas en particular?

¿Son adecuados los métodos declarados para el cumplimiento de los objetivos y para el tratamiento de los contenidos?

¿Se dan orientaciones metodológicas para el tratamiento del contenido?

¿Las orientaciones metodológicas son suficientes para el tratamiento didáctico dirigido a la identificación, resolución y formulación de problemas matemáticos?

**Medios y Formas de organización:**

¿Se declaran los medios y las formas de organización a utilizar?

¿Contribuyen al cumplimiento de los objetivos?

¿Se corresponden con el contenido predominante y con los métodos?

¿Se ofrecen recomendaciones sobre cómo utilizar los medios y organizar el proceso?

**Evaluación:**

¿Se declaran los objetivos a evaluar y entre estos la identificación, resolución y formulación de problemas matemáticos?

¿Se corresponden las orientaciones de evaluación con la tríada objetivo-contenido-método?

¿Se ofrecen recomendaciones de formas y técnicas evaluativas para evaluar los objetivos y contenidos?

¿Tributan hacia el proceso de enseñanza y aprendizaje desarrollador?

- ✓ **En los libros de texto.**

¿Se incluye como contenido la resolución de problemas matemáticos?

¿Se proponen ejercicios dirigidos a la identificación y a la formulación de problemas matemáticos?

¿Son suficientes y variados los ejercicios y problemas propuestos?

¿Los problemas propuestos exigen la realización de las acciones para la resolver problemas?

## Anexo 4

## Guía de observación a la clase

**Objetivo:** Evaluar las acciones que realizan los estudiantes y profesores en las clases de la disciplina Matemática que favorecen el aprendizaje de la resolución de problemas matemáticos.

| Nº | Indicadores | B | R | M |
|---|---|---|---|---|
| | **Dimensión 1:** Dirección del PEA de la resolución de problemas matemáticos en la disciplina Matemática | | | |
| 1.1 | Preparación de los profesores para dirigir el proceso de enseñanza–aprendizaje de la resolución de problemas matemáticos en la formación de profesores para la enseñanza primaria. | | | |
| 1.1.1 | Dominio del contenido de la disciplina Matemática en aspectos relacionados con las sucesiones numéricas, límite y continuidad de funciones de una variable real y cálculo diferencial. | | | |
| 1.1.2 | Dominio de la didáctica para dirigir el proceso de enseñanza-aprendizaje de la resolución de problemas a partir de la integración sistémica del PEA basado en problema y del PEA de la resolución de problemas así como de las acciones para la identificación, formulación y resolución. | | | |
| 1.2 | Preparación de los profesores en el uso de las TIC, en particular los programas informáticos DERIVE y GeoGebra para dirigir el PEA de la resolución de problemas matemáticos en la disciplina Matemática en la formación de profesores para la enseñanza primaria. | | | |

| | | | | |
|---|---|---|---|---|
| 1.2.1 | Dominio de las TIC en particular de los programas informáticos DERIVE y GeoGebra. | | | |
| 1.2.3 | Dominio de las potencialidades del asistente matemátic DERIVE y GeoGebra para dirigir el proceso de enseñanza aprendizaje de la resolución de problemas a partir de l integración sistémica del PEA basado en problema y del PE de la resolución de problemas. | | | |
| 1.3 | Dominio de los componentes didácticos que permiten dirigir el PEA de la resolución problemas matemáticos en la disciplina Matemática en la formación de profesores para la enseñanza primaria. | | | |
| 1.3.1 | Domina los objetivos y las actividades de aprendizaje que se corresponden con estos, con los contenidos y con los niveles de asimilación. | | | |
| 1.3.2 | Presenta el contenido a partir del planteo y resolución de problemas en correspondencia con el objetivo y las necesidades formativas de los estudiantes. | | | |
| 1.3.3 | Utiliza métodos y procedimientos que orientan y activan al estudiante hacia la búsqueda independiente del conocimiento. | | | |
| 1.3.4 | Emplea los medios de enseñanza-aprendizaje y explota sus posibilidades para favorecer el aprendizaje de los contenidos de los estudiantes y el cumplimiento de los objetivos. | | | |
| 1.3.5 | La forma de organización se ajusta a las condiciones y necesidades específicas del PEA, a los métodos y a los medios. | | | |
| 1.3.6 | Evidencia y aplica las diferentes formas de evaluación del proceso durante el proceso de aprendizaje de la resolución de problemas que se modelan o cuya solución utilice el límite de sucesiones numéricas y de funciones elementales y la derivación de funciones y sus propiedades. | | | |
| 1.4 | Potencialidades de la tarea para el aprendizaje de la resolución de problemas matemáticos en la disciplina Matemática en la formación de profesores para la enseñanza | | | |

|  |  |  |  |  |
|---|---|---|---|---|
|  | primaria. |  |  |  |
| 1.4.1 | Permiten relacionar los conocimientos previos con los nuevos para construir los conocimientos propios. |  |  |  |
| 1.4.2. | Exigen niveles crecientes de asimilación. |  |  |  |
| 1.4.3 | Exigen la aplicación de procedimientos heurísticos. |  |  |  |
| 1.4.4 | Exigen del trabajo colectivo con implicaciones individuales. |  |  |  |
| 1.4.5 | Exigen la utilización de estrategias de aprendizaje cognitivas y metacognitivas. |  |  |  |
| 1.5 | Utilización las TIC en el PEA de la resolución de problemas matemáticos en la disciplina Matemática en la formación de profesores para la enseñanza primaria. |  |  |  |
| 1.5.1 | Promueve el uso de las TIC, en particular los programas informáticos DERIVE y/o GeoGebra en el PEA de la resolución de problemas matemático que se modelan o cuya solución utilice el límite de sucesiones numéricas y de funciones elementales y la derivación de funciones y sus propiedades. |  |  |  |
| 1.5.2 | Orienta cómo resolver problemas que se modelan o cuya solución utilice el límite de sucesiones numéricas y de funciones elementales y la derivación de funciones y sus propiedades utilizando los programas informáticos DERIVE y/o GeoGebra. |  |  |  |
| 1.6 | Influencias del profesor para favorecer el aprendizaje de la resolución la resolución de problemas matemáticos en la disciplina Matemática en la formación de profesores para la enseñanza primaria. |  |  |  |
| 1.6.1 | Posibilita la participación activa, regulada y consciente de los estudiantes en el proceso de aprendizaje. |  |  |  |
| 1.6.2 | Posibilita que sus estudiantes relacionen el contenido con situaciones de la vida, otros contenidos del currículo con la historia de la matemática y con la profesión. |  |  |  |
| 1.6.3 | Promueve la reflexión y regulación metacognitiva. |  |  |  |
| 1.6.4 | Exige a sus estudiantes que expliquen la vía utilizada al |  |  |  |

| | | | | |
|---|---|---|---|---|
| | solucionar un problema y analiza con ellos en qué otros casos se puede aplicar la vía utilizada. | | | |
| 1.6.5 | Ofrece orientaciones sobre cómo resolver problemas matemáticos de manera general y en particular los que se modelan o cuya solución utilice el límite de sucesiones numéricas y de funciones elementales y la derivación de funciones y sus propiedades en correspondencia con las necesidades formativas de los estudiantes. | | | |
| | **Dimensión 2:** Actividad de los estudiantes y el grupo que favorecen el aprendizaje de la resolución de problemas matemáticos | | | |
| 2.1 | Participación activa, reflexiva, regulada y significativa en el proceso de aprendizaje de la resolución de problemas matemáticos. | | | |
| 2.1.1 | Independencia en la realización de acciones para identificar, resolver y formular problemas con flexibilidad de pensamiento, racionalidad al trabajar. | | | |
| 2.1.2 | Utilización de diferentes vías y explicación de la vía utilizada al resolver las tareas propuestas. | | | |
| 2.1.3 | Explicar la forma que pensaron para solucionar el problema. | | | |
| 2.1.4 | Aplicación de los conocimientos anteriores y su experiencia al aprender nuevos contenidos. | | | |
| 2.1.5 | Relacionan el contenido con situaciones de la vida, con otros contenidos del currículo, con otras ciencias, así como con la historia de la matemática. | | | |
| 2.2 | Interés y motivación por el aprendizaje de la resolución de problemas matemáticos. | | | |
| 2.3 | Utilización de las TIC en el aprendizaje de la resolución de problemas matemáticos. | | | |
| 2.4 | Utilización de estrategias metacognitivas en el proceso de aprendizaje de la resolución de problemas matemáticos. | | | |
| 2.4.1 | Reflexionan acerca de los conocimientos que poseen que les permiten resolver la tarea propuesta. | | | |

| 2.4.2 | Planifican y controlan la ejecución de la tarea propuesta. | | | |
|---|---|---|---|---|
| 2.4.3 | Buscan alternativas y reorganizan los pasos seguidos, de forma que puedan solucionar la tarea. | | | |
| 2.4.4 | Expresan las respuesta a partir de determinar lo necesario. | | | |
| 2.4.5 | Reflexionan ante la propuesta de solución de un compañero, el profesor o la propia, antes de acogerse a ello. | | | |
| 2.5 | Establecimiento de relaciones desde la resolución problemas matemáticos con la profesión. | | | |
| 2.6 | Dominio del sistema de conocimientos relativos a sucesiones numéricas, límite y continuidad de funciones de una variable real y cálculo diferencial. | | | |
| 2.7 | Dominio del sistema de las acciones para el proceso de resolución de problemas matemáticos (acciones para la identificación, formulación y resolución de problemas). | | | |
| 2.7.1 | Comprender el problema. | | | |
| 2.7.2 | Separar lo dado de lo buscado. | | | |
| 2.7.3 | Confeccionar (de ser posible) figura de análisis, esbozos, tablas. | | | |
| 2.7.4 | Representar relaciones contenidas en el texto. | | | |
| 2.7.5 | Buscar la idea de la solución. | | | |
| 2.7.6 | Realizar el planteo matemático para la solución. | | | |
| 2.7.7 | Resolver el modelo matemático planteado. | | | |
| 2.7.8 | Evaluar la solución y la vía. | | | |
| 2.8 | Éxito en la resolución de problemas matemáticos que se modelan o cuya solución utilice el límite de sucesiones numéricas y de funciones elementales y la derivación de funciones y sus propiedades. | | | |

**Criterios para otorgar la evaluación de los indicadores.**

Bien (B): Si se cumplen con los requisitos señalados en el indicador pero se comete alguna imprecisión en su realización. Regular (R): Si se cumplen parcialmente los requisitos señalados para el indicador. Mal (M): Si no se cumplen los requisitos señalados para el indicador.

## Anexo 5
## Encuesta a estudiantes

**Objetivo:** Conocer las opiniones de los estudiantes acerca de las acciones que realizan ellos y sus profesores en las clases de Matemática que contribuyan al aprendizaje de la resolución de problemas matemáticos.

**Estimado estudiante:**

Se está desarrollando una investigación acerca del proceso de enseñanza-aprendizaje de la resolución de problemas matemáticos en la disciplina Matemática en 12mo grado de la formación de profesores para la enseñanza primaria. Su ayuda podría resultar de gran utilidad por lo que solicitamos que expreses tu opinión, al respecto, con la mayor sinceridad posible.

¡Muchas Gracias!

**Analiza cada una de las preguntas que se presentan a continuación e indica la frecuencia con que ocurren esos hechos en tu clase de Matemática.**

**1.1 Acerca de la preparación de los profesores en los contenidos de la disciplina Matemática en la formación de profesores para la enseñanza primaria**

1 ¿En las clases el profesor muestra dominio del contenido referente a sucesiones numéricas, funciones de una variable real y cálculo diferencial para enseñar a sus estudiantes a resolver **problemas** matemáticos?

Sí______ En parte _______ No_______

2 ¿El profesor te enseña a identificar, formular y resolver problemas matemáticos?

Sí______ En parte _______ No_______

**1.2 Acerca de la preparación de los profesores en el uso de los programas informáticos DERIVE y GeoGebra en el PEA de la resolución de problemas en la disciplina Matemática**

3 ¿El profesor muestra dominio de los programas informáticos DERIVE y GeoGebra?

Sí______ En parte _______ No_______

4 ¿El profesor te enseña a utilizar los programas informáticos DERIVE y GeoGebra para resolver problemas?

Sí______ En parte _______ No_______

**1.4 Acerca de las potencialidades de la tarea para el aprendizaje de la resolución de problemas matemáticos en la disciplina Matemática en la formación del profesor para la enseñanza primaria**

5 ¿El profesor te propone tareas que te permiten relacionar los conocimientos que posees con los nuevos para construir los conocimientos propios?

Sí______ En parte _______ No_______

6 ¿El profesor te propone tareas que te han exigido paulatinamente el aumento del esfuerzo mental para resolverlas?

Sí______ En parte _______ No_______

7 ¿El profesor te propone tareas que exigen del trabajo individual y en colectivo?

Sí______ En parte _______ No_______

8 ¿El profesor te propone tareas que exigen identificar, formular y resolver problemas relacionados con el contenido?

Sí______ En parte _______ No_______

**1.5 Utilización las TIC para el aprendizaje de la resolución de problemas matemáticos en la disciplina Matemática en la formación de profesores para la enseñanza primaria**

9 ¿El profesor promueve el uso del asistente matemático DERIVE y GeoGebra para el aprendizaje de la resolución de problemas matemáticos?

Sí______ En parte _______ No_______

10 ¿El profesor, orienta a los estudiantes sobre cómo resolver problemas referente a límite de sucesiones numéricas y cálculo diferencial utilizando el asistentes matemático Derive y /o GeoGebra?

Sí______ En parte _______ No_______

**1.6 Influencias del profesor para favorecer el aprendizaje de la resolución la resolución de problemas Matemáticos en la disciplina Matemática en la formación de profesores para la enseñanza primaria**

11 ¿El profesor posibilita que tú o tus compañeros participación activamente, reflexionen, realicen preguntas y planteen dudas sobre el contenido?

Sí______ En parte _______ No_______

12 ¿El profesor da orientaciones sobre cómo resolver problemas de manera individual y colectiva?

Sí______ En parte _______ No_______

13 Cuando tú o tus compañeros resuelven los problemas propuestos, ¿el profesor promueve la reflexión acerca de cómo pensaron, las acciones que realizaron que los condujeron al éxito fracaso y/o dificultades, cómo lo comprobaron, cómo pueden evaluarlo y perfeccionarlo?

Sí______ En parte _______ No_______

14 ¿El profesor exige a sus estudiantes que expliquen la vía utilizada al solucionar un problema y analiza con qué otras vía pueden utilizar para resolverlos?

Sí______ En parte _______ No_______

**2.1 Acerca de la participación activa, reflexiva, regulada y significativa en el proceso de aprendizaje de la resolución de problemas matemáticos**

15¿Resuelves los problemas que se modelan o cuya solución utilice el límite de sucesiones numéricas y de funciones elementales y la derivación de funciones y sus propiedades que te plantea el profesor de forma independiente?

Sí______ En parte _______ No_______

16 ¿Reflexionas acerca de cómo aprendes a resolver problemas que se modelan o cuya solución utilice el límite de sucesiones numéricas y de funciones elementales y la derivación de funciones y sus propiedades?

Sí______ En parte _______ No_______

17 ¿Relacionas los nuevos conocimientos con los precedentes con la vida, con los de otras ciencias, con tus interés personales?

Sí______ En parte _______ No_______

18 Intercambias con tus compañeros acerca de cómo pensaste, ¿cómo resuelves el problema, los resultados obtenidos y te muestras solidarios con ellos?

Sí______ En parte _______ No_______

**2.2 Acerca de la motivación por el aprendizaje de la resolución de problemas matemáticos**

19 ¿Sientes satisfacción e interés por aprender a resolver problemas que se modelan o cuya solución utilice el límite de sucesiones numéricas y de funciones elementales y la derivación de funciones y sus propiedades?

Sí______ En parte _______ No_______

**2.3 Acerca de la Utilización de las TIC en el aprendizaje de la resolución de problemas matemáticos**

20 ¿Utilizas los programas informáticos DERIVE y GeoGebra para aprender a resolver problemas que se modelan o cuya solución utilice el límite de sucesiones numéricas y de funciones elementales y la derivación de funciones y sus propiedades?

Sí______ En parte _______ No_______

**2.4 Sobre la Utilización de estrategias metacognitivas en el proceso de aprendizaje de la resolución de problemas matemáticos**

21 ¿Reflexionas acerca de los conocimientos que poseen que les permiten resolver los problemas matemáticos ,que se modelan o cuya solución utilice el límite de sucesiones numéricas y de funciones elementales y la derivación de funciones y sus propiedades, que el profesor te propone?

Sí______ En parte _______ No_______

22 ¿Planificas y controlas la ejecución de la tarea propuesta?

Sí______ En parte _______ No_______

23 ¿Buscan alternativas y reorganizan los pasos seguidos, de forma que puedan solucionar la tarea?

Sí______ En parte _______ No_______

21 ¿Expresas la respuesta de la tarea a partir de determinar lo esencial y necesario?

Sí______ En parte _______ No_______

24 ¿Reflexionas ante la propuesta de solución de un compañero, el profesor o la propia, antes de acogerse a ello?

Sí______ En parte _______ No_______

**2.5 Sobre las relaciones de establecimiento de relaciones desde la resolución de problemas matemáticos con la profesión**

25 ¿Acostumbras a establecer relaciones desde la resolución de problemas con los contenidos de la escuela primaria?

Sí______ En parte _______ No_______

**2.6 Sobre el dominio del sistema de conocimientos relativos a sucesiones numéricas, límite y continuidad de funciones de una variable real y cálculo diferencial**

26 ¿Consideras qué dominas los contenidos referidos a sucesiones numéricas, límite y continuidad de funciones de una variable real y cálculo diferencial?

Sí______ En parte _______ No_______

**2.7 Sobre el dominio del sistema de las acciones para el proceso de resolución de problemas matemáticos que se modelan o cuya solución utilice el límite de sucesiones numéricas y de funciones elementales y la derivación de funciones y sus propiedades**

27 Cuándo resuelves problemas matemáticos acostumbras a:

Leer el problema hasta que puedas comprenderlo el problema.

Sí______ En parte _______ No_______

Separar lo dado de lo buscado.

Sí______ En parte _______ No_______

Confeccionar (de ser posible) figura de análisis, esbozos, tablas.

Sí______ En parte _______ No_______

Representar relaciones contenidas en el texto.

Sí______ En parte _______ No_______

Buscar la idea de la solución.

Sí______ En parte _______ No_______

Realizar el planteo matemático para la solución.

Sí______ En parte _______ No_______

Resolver el modelo matemático planteado.

Sí______ En parte _______ No_______

Evaluar la solución y la vía utilizada para resolverlo.

Sí______ En parte _______ No_______

**2.8 Sobre el e éxito en la resolución de problemas Matemáticos que se modelan o cuya solución utilice el límite de sucesiones numéricas y de funciones elementales y la derivación de funciones y sus propiedades**

28 ¿Resuelves correctamente los problemas matemáticos que te propone el profesor para resolver en clases y fuera de ella?

Sí______ En parte _______ No_______

**Anexo 6**

**Encuesta a profesores**

**Objetivo:** Conocer las opiniones de los profesores acerca de las acciones que realizan ellos y sus estudiantes en el proceso de enseñanza-aprendizaje de la disciplina Matemática que contribuyen al aprendizaje de la resolución de problemas matemáticos.

**Estimado profesor:** Se está desarrollando una investigación acerca del proceso de enseñanza-aprendizaje de la resolución de problemas matemáticos en la disciplina Matemática en 12mo grado de la formación de profesores para la enseñanza primaria. Su ayuda podría resultar de gran utilidad por lo que solicitamos que expreses tu opinión, al respecto, con la mayor sinceridad posible.

Si lo considera puede agregar otras acciones diferentes a las dadas que se correspondan con las realizadas por usted y sus estudiantes.

¡Muchas gracias, por su colaboración!

**1.1 Acerca de su preparación en los contenidos de la disciplina Matemática en la formación de profesores para la enseñanza primaria**

1 ¿Se siente preparado en el contenido referente a sucesiones numéricas, funciones de una variable real y cálculo diferencial para enseñar a sus estudiantes la resolución de problemas?

Sí______ En parte _______ No_______

2 ¿Se siente preparado en la metodología para enseñar a sus estudiantes a resolver y formular problemas que se modelan o cuya solución utilice el límite de sucesiones numéricas y de funciones elementales y la derivación de funciones y sus propiedades?

Sí______ En parte _______ No_______

3¿Ha recibido alguna preparación en la temática relacionada con la resolución y formulación de problemas en aspectos relacionados con el contenido y su metodología?

Sí______ En parte _______ No_______

En caso afirmativo ¿Cómo las considera?

Suficiente _______Insuficiente _____

Argumente su respuesta: ________________________________________

**1.2 Preparación de los profesores en el uso de las TIC el PEA de la resolución de problemas matemáticos en la disciplina Matemática en la formación de profesores para la enseñanza primaria**

4¿Considera usted que domina de los programas informáticos DERIVE y GeoGebra?

Sí______ En parte _______ No_______

5 ¿Considera usted que posees dominio de las potencialidades de los programas informáticos DERIVE y GeoGegra para la enseñanza-aprendizaje de la resolución de problemas que se modelan o cuya solución utilice el límite de sucesiones numéricas y de funciones elementales y la derivación de funciones y sus propiedades?

Sí______ En parte _______ No_______

**1.3 Acerca de su dominio en los componentes didácticos que permiten dirigir el PEA de la resolución problemas matemáticos en la disciplina Matemática en la formación de profesores para la enseñanza primaria**

6 ¿Considera tener dominio de los componentes didácticos del proceso de enseñanza y aprendizaje que le facilitan el proceso de enseñanza- aprendizaje de la resolución de problemas?

Sí_______ En parte_______ No______

De responder en parte o no, escriba los componentes didácticos en los que considera tener menos dominio.

_________________________________________________________________

7. ¿Usted considera que los objetivos que se declaran en el programa de la disciplina sobre la resolución de problemas expresan con claridad los propósitos y aspiraciones que se deben lograr en los alumnos en cuanto a:

La adquisición de los conocimientos que incluye la identificación, resolución y formulación de problemas matemáticos.

Sí______ En parte _______ No_______

El desarrollo de habilidades que incluye la identificación, resolución y formulación de problemas matemáticos.

Sí______ En parte _______ No_______

8 ¿Considera que los contenidos que se desarrollan en el programa contribuyen al aprendizaje de la identificación, resolución y formulación de problemas y están en correspondencia con los objetivos?

Sí______ En parte _______ No_______

9 ¿Considera usted que la ubicación que tienen los contenidos sobre resolución de problemas en el programa facilita el proceso de enseñanza-aprendizaje y el logro de los objetivos?

Sí______ En parte _______ No_______

10 ¿Considera que logra en sus clases interrelación entre los métodos y procedimientos, medios y formas de organización utilizadas y que ha contribuido al proceso de enseñanza y aprendizaje de la resolución de problemas?

Sí______ En parte _______ No_______

11 ¿Considera que las formas y técnicas de evaluación utilizadas le han permitido valorar en qué medida sus estudiantes han cumplido los objetivos, han adquirido los conocimientos y han desarrollado habilidades en la resolución de problemas?

Sí______ En parte _______ No_______

**1.4 Acerca de las potencialidades de la tarea para el aprendizaje de la resolución de problemas matemáticos en la disciplina Matemática en la formación de profesores para la enseñanza primaria**

12 ¿Considera usted que los problemas que propone a sus estudiantes en las tareas le exijan relacionar los conocimientos previos con los nuevos para construir los conocimientos propios?

Sí______ En parte _______ No_______

13 ¿Considera que las tareas que se propone en clases, exigen en los estudiantes la aplicación de procedimientos heurísticas, de estrategias cognitivas y metacognitivas al identificar, resolver y formular problemas y contribuyen al desarrollo del pensamiento de los estudiantes?

Sí______ En parte _______ No_______

10 ¿Exiges el trabajo colectivo con implicaciones individuales?

Sí______ En parte _______ No_______

14 ¿En sus clases acostumbra a proponerle a sus estudiantes problemas que se modelan o cuya solución utilice el límite de sucesiones numéricas y de funciones elementales y la derivación de funciones y sus propiedades?

Sí______ En parte _______ No_______

15 ¿Considera usted que los problemas que propone a sus estudiantes en las tareas le exijan

niveles crecientes de asimilación?

Sí______ En parte _______ No_______

13 ¿Considera usted que los problemas que propone a sus estudiantes en las tareas le exijan utilizar los conocimientos de otras asignaturas del currículo, de otras ciencia?

Sí______ En parte _______ No_______

**1.5 Acerca de la utilización de las TIC para el aprendizaje de la resolución de problemas matemáticos en la disciplina Matemática en la formación de profesores para la enseñanza primaria**

16 ¿Considera usted que en sus clases promueve el uso del asistente matemático DERIVE y GeoGebra para el aprendizaje de la resolución de problemas?

Sí______ En parte _______ No_______

17 ¿Considera usted que en sus clases orienta a los estudiantes sobre cómo utilizar los programas informáticos DERIVE y GeoGebra en el proceso de resolución de problemas matemáticos que se modelan o cuya solución utilice el límite de sucesiones numéricas y de funciones elementales y la derivación de funciones y sus propiedades?

Sí______ En parte _______ No_______

**1.6 Acerca de las influencias del profesor para favorecer el aprendizaje de la resolución la resolución de problemas Matemáticos en la disciplina Matemática en la formación de profesores para la enseñanza primaria**

18 En las clases, usted da posibilidades para que sus estudiantes participen activamente e intenten resolver los problemas individualmente.

Sí______ En parte _______ No_______

19 En las clases, usted ofrece orientaciones sobre ¿cómo resolver problemas de manera general y en particular los que se modelan o cuya solución utilice el límite de sucesiones numéricas y de funciones elementales y la derivación de funciones y sus propiedades en correspondencia con las necesidades formativas de los estudiantes?

Sí______ En parte _______ No_______

20 Cuando sus estudiantes resuelven un ejercicio o problema, ¿les solicita que expliquen qué pensó, por qué lo hizo de esa manera, cómo lo comprobó?

Sí______ En parte _______ No_______

21 Cuándo sus estudiantes resuelven un problema, ¿les pide que expliquen la vía utilizada al solucionar un ejercicio o problema y analiza con ellos en qué otros casos se puede aplicar la vía utilizada?

Sí______ En parte _______ No_______

**2.1 Acerca de la participación activa, reflexiva, regulada y colaborativa en el proceso de aprendizaje de la resolución de problemas matemáticos**

22 ¿Sus estudiantes participan en el proceso de aprendizaje de la resolución de problemas que se modelan o cuya solución utilice el límite de sucesiones numéricas y de funciones elementales y la derivación de funciones y sus propiedades de manera activa, reflexiva, regulada y significativa?

Sí______ En parte _______ No_______

**2.2 Acerca de la motivación por el aprendizaje de la resolución de problemas matemáticos**

23 ¿Sus estudiantes sienten satisfacción e interés por aprender a resolver problemas que se modelan o cuya solución utilice el límite de sucesiones numéricas y de funciones elementales y la derivación de funciones y sus propiedades?

Sí______ En parte _______ No_______

**2.3 Acerca de la utilización de las TIC en el aprendizaje de la resolución de problemas matemáticos**

24 ¿Sus estudiantes utilizan los programas informáticos DERIVE y GeoGebra en el aprendizaje de la resolución de problemas que se modelan o cuya solución utilice el límite de sucesiones numéricas y de funciones elementales y la derivación de funciones y sus propiedades?

Sí______ En parte _______ No_______

**2.4 Acerca de la utilización de estrategias metacognitivas en el proceso de aprendizaje de la resolución de problemas matemáticos**

25 ¿Sus estudiantes reflexionan acerca de los conocimientos que poseen que les permiten resolver los problemas en la tarea propuesta?

Sí______ En parte _______ No_______

26 ¿Sus estudiantes planifican y controlan la ejecución de la tarea propuesta?

Sí______ En parte _______ No_______

27 ¿Sus estudiantes buscan alternativas y reorganizan los pasos seguidos, de forma que puedan solucionar los problemas propuestos en la tarea?

Sí______ En parte _______ No_______

28 ¿Sus estudiantes expresan las respuestas de la tarea partir de determinar lo esencial y necesario?

Sí______ En parte _______ No_______

29¿Sus estudiantes reflexionan ante la propuesta de solución de un compañero, el profesor o la propia, antes de acogerse a ello?

Sí______ En parte _______ No_______

**2.5 Acerca del establecimiento de relaciones desde la resolución de problemas matemáticos con la profesión**

30 ¿Sus estudiantes establecen relaciones desde la resolución de problemas con los contenidos de la escuela primaria?

Sí______ En parte _______ No_______

**2.6 Sobre el dominio de los contenidos, sobre sucesiones numéricas, funciones de una variable real y cálculo diferencial**

31 ¿Usted considera que sus estudiantes dominan los conceptos, proposiciones y procedimientos (algorítmicos y heurísticos) básicos y necesarios para su aplicación a la resolución de problemas que se modelan o cuya solución utilice el límite de sucesiones numéricas y de funciones elementales y la derivación de funciones y sus propiedades.

Sí______ En parte _______ No_______

**2.7 Sobre el dominio del sistema de las acciones para el proceso de resolución de problemas matemáticos que se modelan o cuya solución utilice el límite de sucesiones numéricas y de funciones elementales y la derivación de funciones y sus propiedades.**

32 ¿Cómo evalúa el dominio que tienen sus estudiantes de las acciones para identificar problemas matemáticos que se modelan o cuya solución utilice el límite de sucesiones numéricas y de funciones elementales y la derivación de funciones y sus propiedades?

Bien______ Regular _______ Mal_______

33 ¿Cómo evalúa el dominio que tienen sus estudiantes de las acciones para formular problemas matemáticos que se modelan o cuya solución utilice el límite de sucesiones numéricas y de funciones elementales y la derivación de funciones y sus propiedades?

Bien______ Regular _______ Mal_______

34 Marque con una cruz cómo evalúa el dominio que tienen sus estudiantes del sistema de acciones para resolver problemas matemáticos.

| Acción | B | R | M |
|---|---|---|---|
| a) Comprender el problema. | | | |
| b) Separar lo dado de lo buscado. | | | |
| c) Confeccionar (de ser posible) figuras de análisis, esbozos, tablas. | | | |
| d) Representar relaciones contenidas en el texto. | | | |
| e) Buscar la idea de la solución. | | | |
| f) Realizar el planteo matemático para la solución. | | | |
| g) Resolver el modelo matemático planteado. | | | |
| h) Evaluar la solución y la vía. | | | |

**2.8 Sobre el éxito en la resolución de problemas Matemáticos que se modelan o cuya solución utilice el límite de sucesiones numéricas y de funciones elementales y la derivación de funciones y sus propiedades**

35 ¿Cómo evalúa el éxito de sus alumnos en la solución de problemas?

Bien______ Regular _______ Mal_______

## Anexo 7

## Encuesta a directivos y coordinadores de disciplina

**Objetivo:** Conocer las opiniones de los directivos acerca de las acciones que realizan los estudiantes y los profesores en el proceso de enseñanza-aprendizaje de la **resolución de problemas** matemáticos en la disciplina Matemática en el 12mo grado de la formación de profesores para la enseñanza primaria "Ferraz Bomboko" de Huambo.

**Estimado colega:**

Se está realizando un estudio acerca del proceso de enseñanza-aprendizaje de la **resolución de problemas** matemáticos en 12mo grado de la formación de profesores para la enseñanza primaria por lo que necesitamos conocer sus opiniones acerca de las acciones que realizan los estudiantes y los profesores en las clases de Matemática relativos a **resolución de problemas**.

Teniendo en cuenta los resultados de las visitas a las clases de Matemática que usted ha realizado y el control que ejerce del proceso. Solicitamos que exprese su opinión con sinceridad. Si usted considera puede agregar otras acciones diferentes a las dadas que se correspondan con sus observaciones.

¡Muchas Gracias!

**1.1 Acerca de la preparación de los profesores en los contenidos de la disciplina Matemática en la formación de profesores para la enseñanza primaria**

1 ¿Considera usted que los profesores están preparados en el contenido referente a sucesiones numéricas, funciones de una variable real y cálculo diferencial para enseñar a sus estudiantes la resolución de problemas?

Sí______ En parte _______ No_______

2 ¿Considera usted que los profesores están preparado en la metodología para enseñar a sus estudiantes a resolver y formular problemas que se modelan o cuya solución utilice el límite de sucesiones numéricas y de funciones elementales y la derivación de funciones y sus propiedades?

Sí______ En parte _______ No_______

3¿Los profesores han recibido alguna preparación en la temática relacionada con la resolución y formulación de problemas en aspectos relacionados con el contenido y su metodología?

Sí______ En parte _______ No_______

En caso afirmativo ¿Cómo las considera?

Suficiente _______Insuficiente _____

Argumente su respuesta: ____________________________________________

**1.2 Preparación de los profesores en el uso de las TIC el PEA de la resolución de problemas matemáticos en la disciplina Matemática en la formación de profesores para la enseñanza primaria**

4 ¿Considera usted que los profesores tienen dominio de los programas informáticos DERIVE y GeoGebra?

Sí______ En parte _______ No_______

5 ¿Considera usted que los profesores tienen dominio de las potencialidades de los programas informáticos DERIVE y GeoGegra para la enseñanza-aprendizaje de la resolución de problemas que se modelan o cuya solución utilice el límite de sucesiones numéricas y de funciones elementales y la derivación de funciones y sus propiedades?

Sí______ En parte _______ No_______

**1.3 Acerca de su dominio en los componentes didácticos que permiten dirigir el PEA de la resolución problemas matemáticos en la disciplina Matemática en la formación de profesores para la enseñanza primaria**

6 ¿Considera usted que los profesores tienen dominio de los componentes didácticos del proceso de enseñanza y aprendizaje que le facilitan el proceso de enseñanza- aprendizaje de la resolución de problemas?

Sí_______ En parte_______ No______

De responder en parte o no, escriba los componentes didácticos en los que considera tienen menos dominio.

___________________________________________________________________________

7. ¿Usted considera que los objetivos que se declaran en el programa de la disciplina sobre la resolución de problemas expresan con claridad los propósitos y aspiraciones que se deben lograr en los alumnos en cuanto a:

La adquisición de los conocimientos que incluye la identificación, resolución y formulación de problemas matemáticos.

Sí______ En parte _______ No_______

El desarrollo de habilidades que incluye la identificación, resolución y formulación de problemas matemáticos.

Sí______ En parte _______ No_______

8 ¿Considera que los contenidos que se desarrollan en el programa contribuyen al aprendizaje de la identificación, resolución y formulación de problemas y están en correspondencia con los objetivos?

Sí______ En parte _______ No_______

9 ¿Considera usted que la ubicación que tienen los contenidos sobre resolución de problemas en el programa facilita el proceso de enseñanza-aprendizaje y el logro de los objetivos?

Sí______ En parte _______ No_______

10 ¿Considera usted que los profesores logran en sus clases interrelación entre los métodos

y procedimientos, medios y formas de organización utilizadas y que ha contribuido al proceso de enseñanza y aprendizaje de la resolución de problemas?

Sí______ En parte _______ No_______

11¿Considera usted que las formas y técnicas de evaluación utilizadas, por los profesores en sus clases les han permitido valorar en qué medida sus estudiantes han cumplido los objetivos, han adquirido los conocimientos y han desarrollado habilidades en la resolución de problemas?

Sí______ En parte _______ No_______

**1.4 Acerca de las potencialidades de la tarea para el aprendizaje de la resolución de problemas matemáticos en la disciplina Matemática en la formación de profesores para la enseñanza primaria**

12 ¿Considera usted que los problemas que se proponen en las tareas a los estudiantes exigen que relacionen los conocimientos previos con los nuevos para construir los conocimientos propios?

Sí______ En parte _______ No_______

13 ¿Considera que las tareas que se proponen en clases, exigen en los estudiantes la aplicación de procedimientos heurísticas, de estrategias cognitivas y metacognitivas al identificar, resolver y formular problemas y contribuyen al desarrollo del pensamiento de los estudiantes?

Sí______ En parte _______ No_______

14 ¿Considera usted que los profesores plantean tareas que exigen el trabajo colectivo con implicaciones individuales?

Sí______ En parte _______ No_______

15 ¿Considera usted, que los profesores en sus clases acostumbra a proponerle a sus estudiantes problemas que se modelan o cuya solución utilice el límite de sucesiones numéricas y de funciones elementales y la derivación de funciones y sus propiedades?

Sí______ En parte _______ No_______

16 ¿Considera usted que los problemas que se proponen a los estudiantes en las tareas le exijan niveles crecientes de asimilación?

Sí______ En parte _______ No_______

17 ¿Considera usted que los problemas que se proponen a los estudiantes en las tareas le exijan utilizar los conocimientos de otras asignaturas del currículo, de otras ciencia?

Sí______ En parte _______ No_______

**1.5 Acerca de la utilización de las TIC para el aprendizaje de la resolución de problemas matemáticos en la disciplina Matemática en la formación de profesores para la enseñanza primaria**

18 ¿Considera usted que en sus clases, los profesores promueven el uso del asistente matemático DERIVE y GeoGebra para el aprendizaje de la resolución de problemas?

Sí______ En parte _______ No_______

19 ¿Considera usted que en sus clases, los profesores orientan a los estudiantes sobre cómo utilizar los programas informáticos DERIVE y GeoGebra en el proceso de resolución de problemas matemáticos que se modelan o cuya solución utilice el límite de sucesiones numéricas y de funciones elementales y la derivación de funciones y sus propiedades?

Sí______ En parte _______ No_______

**1.6 Acerca de las influencias del profesor para favorecer el aprendizaje de la resolución la resolución de problemas Matemáticos en la disciplina Matemática en la formación de profesores para la enseñanza primaria**

20 ¿Considera usted, que los profesores en las clases ofrecen posibilidades para que sus estudiantes participen activamente e intenten resolver los problemas individualmente?

Sí______ En parte _______ No_______

21¿ Considera usted, que los profesores en las clases dan orientaciones sobre cómo resolver problemas de manera general y en particular los que se modelan o cuya solución utilice el límite de sucesiones numéricas y de funciones elementales y la derivación de funciones y sus propiedades en correspondencia con las necesidades formativas de los estudiantes?

Sí______ En parte _______ No_______

22 Cuando sus estudiantes resuelven un ejercicio o problema, ¿los profesores les solicitan que expliquen qué pensó, por qué lo hizo de esa manera, cómo lo comprobó?

Sí______ En parte _______ No_______

23 Cuando los estudiantes resuelven un problema, ¿los profesores les piden que expliquen la vía utilizada al solucionar un ejercicio o problema y analiza con ellos en qué otros casos se puede aplicar la vía utilizada?

Sí______ En parte _______ No_______

**2.1 Acerca de la participación activa, reflexiva, regulada y colaborativa en el proceso**

**de aprendizaje de la resolución de problemas matemáticos**

24 ¿ Considera usted que los estudiantes participan en el proceso de aprendizaje de la resolución de problemas que se modelan o cuya solución utilice el límite de sucesiones numéricas y de funciones elementales y la derivación de funciones y sus propiedades de manera activa, reflexiva, regulada y significativa?

Sí______ En parte _______ No_______

**2.2 Acerca de la motivación por el aprendizaje de la resolución de problemas matemáticos**

25 ¿Considera usted que los estudiantes sienten satisfacción e interés por aprender a resolver problemas que se modelan o cuya solución utilice el límite de sucesiones numéricas y de funciones elementales y la derivación de funciones y sus propiedades?

Sí______ En parte _______ No_______

**2.3 Acerca de la utilización de las TIC en el aprendizaje de la resolución de problemas matemáticos**

26 ¿Considera usted, que los estudiantes utilizan los programas informáticos DERIVE y GeoGebra en el aprendizaje de la resolución de problemas que se modelan o cuya solución utilice el límite de sucesiones numéricas y de funciones elementales y la derivación de funciones y sus propiedades?

Sí______ En parte _______ No_______

**2.4 Acerca de la utilización de estrategias metacognitivas en el proceso de aprendizaje de la resolución de problemas matemáticos**

27 ¿Considera usted, que los estudiantes en las clases reflexionan acerca de los conocimientos que poseen que les permiten resolver los problemas en la tarea propuesta?

Sí______ En parte _______ No_______

28 ¿Considera usted, que los estudiantes planifican y controlan la ejecución de la tarea propuesta?

Sí______ En parte _______ No_______

29 ¿Considera usted que los estudiantes buscan alternativas y reorganizan los pasos seguidos, de forma que puedan solucionar los problemas propuestos en la tarea?

Sí______ En parte _______ No_______

26 ¿Considera usted, que los estudiantes expresan las respuestas de la tarea partir de determinar lo esencial y necesario?

Sí______ En parte _______ No_______

30¿Considera usted, que los estudiantes reflexionan ante la propuesta de solución de un compañero, el profesor o la propia, antes de acogerse a ello?

Sí______ En parte _______ No_______

**2.5 Acerca del establecimiento de relaciones desde la resolución de problemas matemáticos con la profesión**

31 ¿Considera usted, que estudiantes establecen relaciones desde la resolución de problemas con los contenidos de la escuela primaria?

Sí______ En parte _______ No_______

**2.6 Sobre el dominio de los contenidos, sobre sucesiones numéricas, funciones de una variable real y cálculo diferencial**

32 ¿Usted considera que los estudiantes dominan los conceptos, proposiciones y procedimientos (algorítmicos y heurísticos) básicos y necesarios para su aplicación a la resolución de problemas que se modelan o cuya solución utilice el límite de sucesiones numéricas y de funciones elementales y la derivación de funciones y sus propiedades.

Sí______ En parte _______ No_______

**2.7 Sobre el dominio del sistema de las acciones para el proceso de resolución de problemas matemáticos que se modelan o cuya solución utilice el límite de sucesiones numéricas y de funciones elementales y la derivación de funciones y sus propiedades.**

33 ¿Cómo evalúa el dominio que tienen los estudiantes de las acciones para identificar problemas matemáticos que se modelan o cuya solución utilice el límite de sucesiones numéricas y de funciones elementales y la derivación de funciones y sus propiedades?

Bien______ Regular _______ Mal_______

34 ¿Cómo evalúa el dominio que tienen los estudiantes de las acciones para formular problemas matemáticos que se modelan o cuya solución utilice el límite de sucesiones numéricas y de funciones elementales y la derivación de funciones y sus propiedades?

Bien______ Regular _______ Mal_______

35 Marque con una cruz cómo evalúa el dominio que tienen los estudiantes del sistema de acciones para resolver problemas matemáticos.

| Acción | B | R | M |
|---|---|---|---|
| a) Comprender el problema. | | | |
| b) Separar lo dado de lo buscado. | | | |
| c) Confeccionar (de ser posible) figuras de análisis, esbozos, tablas. | | | |

| | | | |
|---|---|---|---|
| d) Representar relaciones contenidas en el texto. | | | |
| e) Buscar la idea de la solución. | | | |
| f) Realizar el planteo matemático para la solución. | | | |
| g) Resolver el modelo matemático planteado. | | | |
| h) Evaluar la solución y la vía. | | | |

**2.8 Sobre el éxito en la resolución de problemas Matemáticos que se modelan o cuya solución utilice el límite de sucesiones numéricas y de funciones elementales y la derivación de funciones y sus propiedades**

36 ¿Cómo evalúa el éxito de sus alumnos en la solución de problemas?

Bien______ Regular _______ Mal_______

## Anexo 8

### Prueba pedagógica 1

**Objetivo:** Comprobar el dominio que tienen los estudiantes de la resolución de ejercicios y problemas matemáticos que se modelan o cuya solución utilice el límite de sucesiones y de funciones elementales y la derivación de una función y sus propiedades.

Estimado estudiante:

Necesitamos saber lo que has aprendido en la disciplina Matemática hasta el momento. Por esa razón te pedimos que respondas todas las preguntas de esta prueba ¡Esfuérzate por alcanzar un buen resultado!

Nombre y apellidos ________________ Grupo __________

**INSTRUCCIONES**

Lee cuidadosamente todo el examen antes de comenzar a responder.

Comienza por la pregunta que más domines y en ese orden continúa.

Deja por escrito todos los cálculos auxiliares que realizares.

Si te equivocas, tacha el error y continúa escribiendo.

**CUESTIONARIO**

1. Dadas las siguientes proposiciones diga si son verdaderas o falsas. En caso de ser falsa justifique su respuesta.
   a) ___ Toda función de N en R tal que a cada número natural le asocia un número real se llama sucesión numérica real y se denota por: $(a_n), (x_n), (y_n), (z_n),...$

   ___ El $\lim_{x \to x_0} f(x) = L \Leftrightarrow \forall \varepsilon > 0 \ \exists \delta_{(\varepsilon)} > 0 \ \exists x \in D_f : [0 < |x - x_0| < \delta \Rightarrow |f(x) - L| < \varepsilon]$

b) ____ Sea la función $f(x)$ definida en el intervalo $[a,b]$ y tal que en cierto punto $c \in (a;b)$ alcanza su valor máximo o mínimo en este intervalo. Si la derivada $f'(x)$ existe, entonces $f'(c)=c$.

c) ____ Se dice que $f(x)$ es derivable en el punto $x_0$ si el límite cuando $\Delta x \rightarrow 0$ del cociente incremental $\frac{\Delta y}{\Delta x} = \frac{f(x_0 + \Delta x) - f(x)}{\Delta x}$ existe.

2. Considere la sucesión de termino general $u_n = \frac{2n-1}{n^2+1}$

a) Calcule $u_n - u_{n+1}$

b) Escribe en orden los pasos que seguiste para llegar al resultado.

3. Calcule : $\lim_{x\to+\infty} \frac{8x^5+3x-14}{2x^2+4x^5+3}$

a) Escribe en orden los pasos que seguiste para llegar al resultado del inciso anterior. Fundamenta tu respuesta.

b) Explica cómo comprobaste el resultado obtenido.

4. ¿Cuánto tiempo se llevará un agricultor en Huambo para saldar un débito de Kzs 880000 si Kzs 25000 son pagado en el primer mes, Kzs 27000 en el segundo mes, Kzs 29000 en el tercer mes, y así sucesivamente?

b) ¿Explica cómo procediste para realizar el razonamiento que te permitió llegar a la respuesta?

5. Un pintor es contratado para pintar ambos lados de 50 placas cuadradas de 50 cm de lado después que recibió las placas verificó que los lados de las placas tenían ½ cm más. ¿Cuál será el aumento aproximado del porcentaje de tinta a ser usada por el pintor?

a) Es posible utilizar otro procedimiento para llegar a la respuesta. Si la respuesta es afirmativa ¿podrías explicarlo?

A continuación te solicitamos que realices una autoevaluación de tu aprendizaje. Ten en cuenta el trabajo realizado.

Leyenda (Aa) Aprendí a (TD) Tengo dificultades en

| Aa | TD | Autoevaluación de mi aprendizaje |
|---|---|---|
| | | Reconocer proposiciones verdaderas y falsas. |
| | | Calcular un término de una sucesión numérica. |
| | | Calcular el límite de una función. |

| | | |
|---|---|---|
| | | Interpretar problemas. |
| | | Utilizar el procedimiento más adecuado para resolver el problema. |
| | | Resolver el problema. |
| | | Justificar mis respuestas. |
| | | Relacionar lo dado con lo buscado. |
| | | Reconocer otras vías para resolver el problema. |
| | | Explicar el procedimiento que utilizo para resolver un ejercicio. |
| | | Explicar el razonamiento realizado para resolver los ejercicios y problemas. |
| | | Reconocer los errores cometidos en la resolución de los ejercicios y problemas. |

**Criterios para la revisión**

Indicador **Utilización de estrategias metacognitivas en el proceso de aprendizaje de la resolución de problemas matemáticos** para realizar su caracterización se tabuló las respuestas correctas e incorrectas de acuerdo a los elementos del conocimiento siguientes:

1 Explicar el procedimiento que utilizo para resolver los ejercicios y problemas.

2 Explicar el razonamiento realizado para resolver los ejercicios y problemas.

3 Justificar las respuestas.

4 Reconocer los errores cometidos en la resolución de los ejercicios y problemas.

5 Identificar las exigencias de los ejercicios y problemas.

6 Evaluar su aprendizaje de acuerdo con los resultados obtenidos.

7 Reconocer otras vías para resolver los ejercicios y problemas.

Indicador **Dominio de los contenidos, sobre sucesiones numéricas, funciones de una variable real y cálculo diferencial,** se tabularon las respuestas correctas e incorrectas de acuerdo a las siguientes acciones:

1 Las definiciones de sucesiones numéricas, límite de una función, y derivada de una función.

2 Calcular un término de una sucesión numérica.

3 Calcular el límite de una función.

4 Fundamentar

5 Argumentar

6 Comprobar los resultados obtenidos.

Indicador **Dominio del sistema de las acciones para el proceso de resolución de problemas matemáticos que se modelan o cuya solución utilice el límite de sucesiones numéricas y de funciones elementales y la derivación de funciones y sus propiedades**

a) Comprender el problema.
b) Separar lo dado de lo buscado.
c) Confeccionar (de ser posible) figuras de análisis, esbozos, tablas.
d) Representar relaciones contenidas en el texto.
e) Buscar la idea de la solución.
f) Realizar el planteo matemático para la solución.
g) Resolver el modelo matemático planteado.
h) Evaluar la solución y la vía.

Indicador **Éxito en la resolución de problemas Matemáticos que se modelan o cuya solución utilice el límite de sucesiones numéricas y de funciones elementales y la derivación de funciones y sus propiedades,** la prueba se calificó otorgando un punto a cada respuesta correcta.

De las 15 posibles respuestas correctas, se consideró otorgar a los estudiantes la categoría de: **Mal** al que obtuvo menos del 60% de respuestas correctas (menos de 9), **Regular** el que obtuvo del 60% al 79% (de 9 a 11); **Bien** el que obtuvo 90% 0 más (12, 13, 14,15).

## Anexo 9

## Análisis de los indicadores para la caracterización del estado actual del proceso de enseñanza-aprendizaje de la resolución de problemas en la disciplina Matemática en el 12mo grado de la escuela de formación de profesores para la enseñanza primaria

**Dimensión: Dirección del PEA de la resolución de problemas matemáticos en la disciplina Matemática**

**Comportamiento general de la dimensión**

| **Indicadores** | **Si** | **En parte** | **No** | **Tendencia según la Mediana** |
|---|---|---|---|---|
| Indicador 1.1 (243) | 59 | 99 | 85 | En parte |
| Indicador 1.2 (243) | 10 | 55 | 178 | No |
| Indicador 1.3 (23) | 6 | 13 | 4 | En parte |
| Indicador 1.4 (243) | 96 | 66 | 81 | En parte |
| Indicador 1.5 (243) | 30 | 63 | 150 | No |
| Indicador 1.6 (243) | 43 | 116 | 84 | En parte |
| Comportamiento general y tendencia (1238) | 244 | 412 | 582 | **En parte** |

**Dimensión: Actividad de los estudiantes y del grupo que favorecen el aprendizaje de la resolución de problemas matemáticos**

**Éxito en la resolución de problemas Matemáticos que se modelan o cuya solución utilice el límite de sucesiones numéricas y de funciones elementales y la derivación de funciones y sus propiedades**

| **Comportamiento en:** | **Total de respuestas** | **Respuestas correctas** | **Respuestas incorrectas** | **Tendencia según la Mediana** |
|---|---|---|---|---|
| Prueba Pedagógica | 220 | 42 | 178 | **Respuestas incorrectas** |
| **%** | **100** | **19** | **81** | |

**Comportamiento general de la dimensión actividad de los estudiantes y del grupo que favorecen el aprendizaje de la resolución de problemas matemáticos**

| **Indicadores** | Si | En parte | No | **Tendencia según la Mediana** |
|---|---|---|---|---|
| Indicador 2.1 (243) | 63 | 87 | 93 | En parte |
| Indicador 2.2(243) | 41 | 128 | 74 | En parte |
| Indicador 2.3(243) | 12 | 21 | 210 | No |
| Indicador 2.4 (243) | 32 | 60 | 151 | No |
| Indicador 2.5(243) | 46 | 65 | 132 | No |
| Indicador 2.6(243) | 45 | 90 | 108 | En parte |
| Indicador 2.7(243) | 12 | 98 | 133 | No |

| | | | | |
|---|---|---|---|---|
| Indicador 2.8(243) | 28 | 75 | 140 | No |
| Comportamiento general y tendencia (1944) | 279 | 624 | 1041 | **No** |

**Comportamiento general de la variable**

| **Dimensiones** | Si | En parte | No | **Tendencia según la Mediana** |
|---|---|---|---|---|
| Dirección del PEA de la resolución de problemas Matemáticos (1238) | 244 | 412 | 582 | **En parte** |
| Aprendizaje de la resolución de ejercicios y problemas(1944) | 279 | 624 | 1041 | **No** |
| Comportamiento general y tendencia (3182) | 523 | 1036 | 1623 | **No** |

**Triangulación de las fuentes para la caracterización del estado actual**

| **Indicadores** | **Encuesta a profesores** | **Encuesta a estudiantes** | **Encuesta a directivos** | **Observación a clase** | **Prueba pedagógica** |
|---|---|---|---|---|---|
| 1.1 | Regular | Bien | Regular | Regular | |
| 1.2 | Mal | Regular | Mal | Mal | |
| 1.3 | ------------ | Regular | Regular | Regular | |
| 1.4 | Regular | Regular | Regular | Mal | |
| 1.5 | Mal | Mal | Mal | Mal | |
| 1.6 | Regular | Regular | Regular | Mal | |
| **Dimensión 1** | **Regular** | **Regular** | **Regular** | **Mal** | |
| 2.1 | Regular | Regular | Regular | Regular | |
| 2.2 | Regular | Regular | Regular | Regular | |
| 2.3 | Mal | Regular | Mal | Mal | |
| 2.4 | Mal | Regular | Regular | Regular | Respuestas incorrectas |
| 2.5 | Mal | Regular | Regular | Mal | |
| 2.6 | Regular | Regular | Regular | Regular | Respuestas incorrectas |
| 2.7 | Mal | Mal | Regular | Regular | Respuestas incorrectas |

| 2.8 | Mal | Mal | Regular | Mal | Respuestas incorrectas |
|---|---|---|---|---|---|
| **Dimensión 2** | **Mal** | **Regular** | **Regular** | **Regular** | |

**Anexo 10**

**Estrategias de aprendizaje**

Estas estrategias fueron elaboradas como resultado del estudio de las elaboradas por Jiménez (2005) para la resolución de problemas, las propuestas por Cala (2007) y por Gibert (2012).

**Estrategias para pensar ante diferentes situaciones:**

**Ante una exigencia**

1. ¿Qué me piden?
2. ¿Qué sé, acerca de lo que me piden? ¿Qué sé hacer con ello? ¿En qué tengo dificultades?
3. ¿Qué conocimientos relacionan lo dado con lo buscado? ¿Sé cómo hacerlo? ¿En qué tengo dificultades?
4. ¿Qué necesito realizar para resolver la tarea? ¿Encontrar un procedimiento? ¿Encontrar una regularidad entre...? ¿Encontrar lo que realmente distingue a...? ¿Utilizar una definición, un teorema, un procedimiento, un principio, una ley, una propiedad....?
5. ¿Cómo relaciono lo que me piden con lo que determiné realizar para resolver la tarea?
6. ¿Es correcto lo que estoy haciendo? ¿Qué hice bien o mal? ¿Por qué lo hice bien o mal?
7. ¿Debo cambiar?

**Ante la determinación de una vía**

1. ¿La vía, los conocimientos y los medios seleccionados son los adecuados?
2. ¿Ya hice algo parecido?
3. ¿Es la orientación para esta situación?
4. ¿Está relacionado con lo dado?
5. ¿Relaciono lo que me piden con los datos y lo que conozco?
6. ¿Por qué no hay relaciones?
7. ¿Es correcto lo que estoy haciendo? ¿Qué hice bien o mal? ¿Por qué lo hice bien o mal?
8. ¿Debo cambiar?

**Ante la propuesta de solución de un compañero el profesor o la propia**

1. ¿Por qué esa vía?
2. ¿En qué pensó? ¿Yo pensé…?
3. ¿Cómo lo realizó? ¿Yo lo realicé?,
4. ¿Qué dificultades presentó? ¿Qué dificultades presenté?
5. ¿Qué errores cometió? ¿Qué errores cometí? ¿A qué se deben los errores cometidos? ¿Qué debo hacer para erradicarlos?

**Para evaluar el proceso de solución**

1 . ¿Es lógico el resultado obtenido? ¿Da respuesta a la tarea escolar propuesta?
2 . ¿Para qué me sirve? ¿Dónde lo puedo utilizar? ¿Con qué conocimientos lo puedo relacionar?
3 . ¿Es correcto lo que realicé? ¿Qué hice bien o mal? ¿Por qué lo hice bien o mal?
4 . ¿Dónde están mis mayores dificultades y principales logros? ¿Cómo puedo mejorar mis dificultades?
5 . ¿Qué aprendí? ¿Cómo puedo evaluar mi actividad? ¿Qué debo hacer para mejorar mis resultados?

**Estrategias para resolver problemas**

**Para resolver las tareas**

1 . Leer detenidamente en el lenguaje en que está escrita.
2 . Explicar de qué trata.
3 . Transcribir al lenguaje del análisis.
4 . Identificar separar lo que se pide y lo que se da para alcanzarlo.
5 . Identificar los conocimientos y procedimientos que relacionan lo que se pide con lo que se da para alcanzarlo.
6 . Expresarlo en forma de conclusión.
7 . Graficar
8 . Verificar o contradecir.

## Anexo 11

## Encuesta a especialistas

Nombres y apellidos: ______________________________ Institución a que pertenece: ______ Categoría docente: _______ Grado científico o título académico: ______ Especialidad que desarrolla:____ Años de experiencias en la profesión: ____ Años de experiencia en Educación:

Por este medio le comunico que usted ha sido seleccionado para participar como especialista en la investigación que se realiza, relacionada con el proceso de enseñanza-aprendizaje de la resolución de problemas en la disciplina Matemática en la escuela de formación de profesores para la enseñanza primaria "Ferraz Bimboko" de Huambo, República de Angola.

Teniendo en cuenta su dominio del tema objeto de investigación, sus experiencias en la formación de profesores para la enseñanza primaria y el dominio de la Didáctica de la Matemática se solicita que usted emita sus criterios para la evaluación de esta propuesta, lo más objetivamente posible. Recuerde que sus aportes serán muy valiosos para el estudio y los resultados.

Muchas gracias por su colaboración.

Lea detenidamente la propuesta en el documento adjunto, analice cada una de sus partes y valore cada uno de los aspectos que se presentan en la tabla para tal fin.

Señale con una cruz (X) la casilla que mejor represente su opinión en cuanto a la valoración que hace, de acuerdo a la siguiente escala:

MA (Muy adecuado) BA (Bastante adecuado) A (Adecuado) PA (Poco adecuado)

(MA). La redacción es clara donde se aprecia precisión en sus términos y se expresan las características, necesarias y suficientes, del por qué se incluye en la estrategia.

(BA). La redacción es clara donde se aprecia precisión en sus términos y se expresan las características esenciales del por qué se incluye en la estrategia, pero no se revelan explícitamente algunas otras características a tener en cuenta.

(A). La redacción es clara donde se revela lo esencial, pero no se expresan explícitamente las características del por qué se incluye en la estrategia.

(PA). La redacción no es clara por lo que se aprecia imprecisión en sus términos y no se expresan las características esenciales del por qué se incluye en la estrategia.

| No | Aspectos a evaluar | **MA** | **BA** | **A** | **PA** |
|---|---|---|---|---|---|
| 1 | Caracterización de la estrategia didáctica. | | | | |
| 2 | Objetivo de la estrategia didáctica. | | | | |
| 3 | Etapas de la estrategia didáctica. | | | | |
| 4 | Fases de las etapas de la estrategia didáctica | | | | |
| 5 | Acciones generales de las etapas. | | | | |

| 6 | Acciones del profesor | | | | |
|---|---|---|---|---|---|
| 7 | Acciones de los estudiantes y del grupo | | | | |
| 8 | Consideraciones metodológicas para el desarrollo de las acciones de la estrategia | | | | |

Observaciones (señalamientos, criterios o sugerencias para su perfeccionamiento):

**Resultados de la encuesta aplicada a los 31 especialistas que valoraron el diseño de la estrategia didáctica**

| No | Aspectos a evaluar | **MA** | **BA** | **A** | **PA** | **Mediana** |
|---|---|---|---|---|---|---|
| 1 | Caracterización de la estrategia didáctica. | 9 | 20 | 2 | 0 | Bastante adecuada |
| 2 | Objetivo de la estrategia didáctica | 21 | 8 | 2 | 0 | Muy adecuada |
| 3 | Etapas de la estrategia didáctica | 26 | 5 | 0 | 0 | Muy adecuada |
| 4 | Fases de las etapas de la estrategia didáctica | 28 | 3 | 0 | 0 | Muy adecuada |
| 5 | Acciones generales de las etapas | 14 | 17 | 0 | 0 | Bastante adecuada |
| 6 | Acciones del profesor | 18 | 13 | 0 | 0 | Muy adecuada |
| 7 | Acciones de los estudiantes y del grupo | 18 | 13 | 0 | 0 | Muy adecuada |
| 8 | Consideraciones metodológicas para el desarrollo de las acciones de la estrategia | 16 | 10 | 5 | 0 | Muy adecuada |
| | Comportamiento general | 150 | 89 | 9 | 0 | Muy adecuada |

## Anexo 12

**Análisis de los indicadores para la caracterización del proceso de enseñanza-aprendizaje de la resolución de problemas en el 12mo grado de la formación de profesores para la enseñanza primaria, al inicio de pre- experimento**

**Dimensión: Dirección del PEA de la resolución de problemas matemáticos en la disciplina Matemática**

**Comportamiento general de la dimensión**

| **Indicadores** | **Si** | **En parte** | **No** | **Tendencia según la Mediana** |
|---|---|---|---|---|
| Indicador 1.1 (157) | 34 | 46 | 77 | En parte |
| Indicador 1.2 (157) | 12 | 36 | 109 | No |
| Indicador 1.3 (16) | 7 | 8 | 1 | En parte |
| Indicador 1.4 (157) | 28 | 77 | 52 | En parte |
| Indicador 1.5 (157) | 13 | 41 | 103 | No |
| Indicador 1.6 (157) | 23 | 96 | 38 | En parte |
| Comportamiento general y tendencia (801) | 117 | 304 | 380 | **En parte** |

**Dimensión: Actividad de los estudiantes y del grupo que favorecen el aprendizaje de la resolución de problemas matemáticos**

**Éxito en la resolución de problemas matemáticos que se modelan o cuya solución utilice el límite de sucesiones numéricas y de funciones elementales y la derivación de funciones y sus propiedades**

| Comportamiento en: | Total de respuestas | Respuestas correctas | Respuestas incorrectas | Tendencia según la Mediana |
|---|---|---|---|---|
| Prueba Pedagógica | 220 | 42 | 178 | **Respuestas incorrectas** |
| % | **100** | **19** | **81** | |

**Comportamiento general de la dimensión**

| **Indicadores** | Si | En parte | No | **Tendencia según la Mediana** |
|---|---|---|---|---|
| Indicador 2.1 (157) | 14 | 82 | 61 | En parte |
| Indicador 2.2(157) | 21 | 84 | 52 | En parte |
| Indicador 2.3(157) | 4 | 11 | 142 | No |
| Indicador 2.4 (157) | 13 | 43 | 101 | No |
| Indicador 2.5(157) | 8 | 43 | 106 | No |
| Indicador 2.6(157) | 16 | 61 | 80 | No |
| Indicador 2.7(157) | 11 | 43 | 103 | No |
| Indicador 2.8(157) | 12 | 35 | 110 | No |
| Comportamiento general y tendencia (1256) | 99 | 402 | 755 | **No** |

**Comportamiento general de la variable**

| **Dimensiones** | Si | En parte | No | **Tendencia según la Mediana** |
|---|---|---|---|---|
| Dirección del PEA de la resolución de problemas Matemáticos (801) | 117 | 304 | 380 | **En parte** |
| Actividad de los estudiantes y del grupo que favorecen el aprendizaje de la resolución de problemas Matemáticos (1256) | 99 | 402 | 755 | **No** |
| Comportamiento general y tendencia (2057) | 216 | 706 | 1135 | **No** |

**Triangulación de las fuentes**

| Indicadores | Encuesta a profesores | Encuesta a estudiantes | Encuesta a directivos | Observación a clase | Prueba pedagógica |
|---|---|---|---|---|---|
| 1.1 | Mal | Bien | | Regular | |
| 1.2 | Mal | Regular | | Mal | |
| 1.3 | ----------- | Bien | | Regular | |
| 1.4 | Regular | Regular | | Mal | |
| 1.5 | Mal | Mal | | Mal | |
| 1.6 | Mal | Regular | | Mal | |
| **Dimensión 1** | **Mal** | **Regular** | | **Mal** | |
| 2.1 | Regular | Mal | | Regular | |
| 2.2 | Regular | Regular | | Regular | |
| 2.3 | Mal | Regular | | Mal | |
| 2.4 | Mal | Regular | | Mal | Respuestas incorrectas |
| 2.5 | Mal | Regular | | Mal | |
| 2.6 | Regular | Regular | | Mal | Respuestas incorrectas |
| 2.7 | Mal | Mal | | Regular | Respuestas incorrectas |
| 2.8 | Mal | Mal | | Mal | Respuestas incorrectas |
| **Dimensión 2** | **Mal** | **Regular** | | **Mal** | |

## Anexo 13

## Encuentros para la preparación intensiva de los profesores

Encuentro 1: El proceso de enseñanza-aprendizaje de la resolución de problemas en la disciplina Matemática

Objetivos: Familiarizar a los profesores con la estrategia didáctica.

Identificar fortalezas, debilidades y necesidades de los profesores en cuanto a los contenidos de la disciplina, los componentes del proceso de enseñanza-aprendizaje, la resolución de problemas matemáticos, su estructuración y los requerimientos para enseñanza aprendizaje.

Actividades a desarrollar: Diagnostico a los profesores en relación a los componentes del proceso de enseñanza-aprendizaje, la resolución de problemas matemáticos, el sistema de acciones para identificar, formular y resolver problemas.

Presentación el tema El proceso de enseñanza–aprendizaje de la disciplina Matemática, en particular de la resolución de problemas matemáticos. Tendencias actuales y modelos heurísticos.

Intercambio de experiencias sobre cómo se desarrolla el proceso de enseñanza-aprendizaje de la disciplina Matemática en particular en la formación del profesor para la enseñanza primaria.

Encuentro 2: El proceso de enseñanza-aprendizaje de la resolución de problemas matemáticos

Objetivo: Profundizar en las teorías que abordan la enseñanza-aprendizaje de la resolución de problemas.

Actividades a desarrollar: Presentación del tema: La resolución de problemas matemáticos. Su conceptualización, principales tendencias de la enseñanza-aprendizaje de la resolución de problemas, desde diferentes puntos de vista y autores. Modelos heurísticos para la resolución de problemas. La identificación y formulación de problemas.

Intercambio sobre las tareas y medios, así como las acciones del estudiante, el grupo y el profesor que favorecen el proceso de enseñanza-aprendizaje de la resolución de problemas, así como de la importancia del aprendizaje de la resolución de problemas en la formación del profesor para la enseñanza primaria.

Actividad práctica. Determinación del sistema de acciones para la identificación, formulación y resolución de problemas.

Encuentro 3: La relación objetivo-contenido-método- medio para favorecer el desarrollo de habilidades matemáticas

Objetivo: Profundizar en la estructuración metodológica del proceso de enseñanza-aprendizaje de la resolución de problemas en correspondencia con la estrategia didácticas para favorecer el aprendizaje.

Actividades a desarrollar: presentación del tema, análisis del programa para debatir acerca de la derivación gradual de los objetivos, precisión de los métodos y los medios a emplear, así como la selección y/o elaboración de ejercicios y problemas que conformarán las tareas.

Actividad práctica sobre la derivación de los objetivos y de los problemas esenciales y las tareas.

Encuentro 4:

Objetivo: Profundizar en la selección y/o elaboración de ejercicios y problemas que conformaran las tareas y en el uso de las TIC, particularmente los programa informáticos DERIVE y GeoGebra para favorecer el proceso de resolución de problemas matemáticos.

Actividad práctica sobre la resolución de los ejercicios y problemas con el uso de los programas informáticos GeoGebra y DERIVE.

Bibliografía. Solo se referenciará la básica.


- Ballester, S. et al (1992) Metodología de la enseñanza de la Matemática. Tomo I y II. Editorial Pueblo y Educación. La Habana.
- Jiménez, M.H. (2013). Propuesta para una didáctica del Análisis Matemático en la formación profesional. Ediciones Cubanas. Ciudad de la Habana.
- Campistrous, L. y Rizo, C. (1999 a). Didáctica y resolución de problemas. La Habana: Editorial Academia.
- Ron, J. (2007). Una estrategia didáctica para el proceso de enseñanza-aprendizaje de la resolución de problemas en las clases de Matemática en la Educación Secundaria Básica. [Tesis Doctoral]. ISPEJV. La Habana.
- Rebollar, A. (2000). Una variante para la estructuración del proceso de enseñanza-aprendizaje de la Matemática, a partir de una nueva forma de organizar el contenido, en la escuela media cubana. [Tesis Doctoral]. Instituto Superior Pedagógico "Frank País García". Santiago de Cuba.
- Los libros de Análisis Matemático que se utilizan en la asignatura.


## Anexo 14

### Ejemplos de tareas

Temática: derivación de funciones reales. Sus aplicaciones

1 Investiga acerca de la historia y desarrollo del cálculo diferencial y sus aplicaciones. Realice un resumen de los principales resultados de su indagación, analícelo con sus compañeros de equipo y preparen una presentación electrónica para discutirla en el grupo.

Para la formación y asimilación del concepto derivada de una función en un punto.

Constituyen conocimientos precedentes fundamentales, el concepto de límite y las propiedades y gráficos de las funciones elementales (algebraicas y trascendentes)

Problema esencial: Los tres problemas que históricamente incidieron de manera directa en el surgimiento del concepto derivada

La determinación de una tangente a una curva en un punto, de la velocidad instantánea de un móvil en un instante dado y de la densidad de una línea material en un punto determinado.

1. Determinar la recta tangente a una curva en un punto cualquiera de su dominio.

a) Analiza que ocurre cuando la recta tangente a la curva es perpendicular al eje de las x.

b) Analiza que ocurre cuando la recta tangente a la curva es paralela al eje de las x.

En la búsqueda de la vía de solución, se elaboran lo nuevos conceptos, teoremas y procedimientos (Enseñanza basada en problemas). Algunos recursos heurísticos a emplear son:

Determinar lo dado y lo buscado, relacionar los conocimientos que se relacionan con lo dado, realizar una figura de análisis conveniente para comprender el problema, trazar una de las rectas secante a la curva, la posición límite de la recta secante hasta llegar a ser tangente a dicha curva. En el trabajo se utilizará el programa informático GeoGebra.

2. Comprueba que 4 es la derivada de la función $y = x^2 + 1$ en el punto x=2

3. Investiga en Internet las aplicaciones de la derivada a otras ciencias y a situaciones de la vida. De tres ejemplos. Recopile en la información datos de situaciones de la vida y de las ciencias con las que se puedan elaborar problemas relacionados con la temática. Refiera las fuentes. Realice un resumen para presentarlo en el grupo.

4. Hallar dos números naturales cuya suma sea 120 de tal manera que el producto de uno de ellos por el cuadrado del otro sea el máximo.

5. La función que describe la caída libre de una piedra es dada por $f(t) = 4{,}9t^2$. Calcula la velocidad de la piedra en los instantes t=1s y t=3s

6. Una ciudad es atacada por una epidemia y el número de personas contagiadas después de un tiempo t es dado por la función $f(t) = 32t - \frac{t^3}{3}$. ¿Cuál es la razón de desarrollo de la epidemia en t=4?

7. Una empresa de Cítricos de Huambo dispone de 520 m de malla para cercar un campo

rectangular que limita con un canal recto, por lo que no requiere cerca a lo largo del canal. ¿Cuáles son las dimensiones del terreno que determinan la mayor área posible?

8. Se necesita una superficie rectangular cercada por tres de sus lados con tela metálica y por el cuarto lado un muro de piedra. Se dispone de 20 metros lineales de tela metálica. Calcula las dimensiones que ha de tener la superficie para que su área sea la mayor posible.

9. Un terreno de forma rectangular tiene un perímetro igual a 80 m. Calcula las dimensiones del terreno.

10. Entre los rectángulos inscritos en un círculo de radio r, cuál es el de área máxima.

11. Resuelva los siguientes problemas (Enseñanza de la resolución de problemas)

- En la realización de un experimento se derrama un líquido sobre una superficie lisa de vidrio. Si el líquido vertido cubre una región circular y el radio de esta región aumenta uniformemente, ¿cuál será la tasa de crecimiento del área ocupada por el líquido, con relación a la variación del radio, cuando el radio sea igual a 5 cm?
- Halle, aproximadamente, la variación experimentada por el volumen de un cubo de arista x cuando esta se incrementa en un 1%
- Se desea formar con un pedazo de alambre de 2 metros de longitud un rectángulo, de tal manera que el área del rectángulo obtenido sea la mayor posible. ¿Cuáles deben ser las dimensiones del rectángulo?
- Un disco metálico se dilata por la acción del calor de manera que su radio aumenta de 5cm a 5,06 cm. Halle el valor aproximado de crecimiento del área.
- Formule con los datos recopilados por usted un problema cuya solución utilice la derivación de funciones
- ¿Qué modelo matemático se utilizó para resolver cada uno de los problemas?
- Piense en otra vía que podría utilizar para resolver cada uno de los problemas.
- Explique la forma que pensó para resolver cada uno de los problemas. ¿La considera más racional? ¿Por qué?

## Anexo 15

### Prueba pedagógica 2

**Objetivo:** Comprobar el dominio que tienen los estudiantes de la resolución de ejercicios y problemas matemáticos que se modelan o cuya solución utilice el límite de sucesiones y de funciones elementales y la derivación de una función y sus propiedades.

Estimado estudiante:

Necesitamos saber lo que has aprendido en la disciplina Matemática hasta el momento. Por esa razón te pedimos que respondas todas las preguntas de esta prueba ¡Esfuérzate por alcanzar un buen resultado!

Nombre y apellidos ________________ Grupo __________

**INSTRUCCIONES**

Lee cuidadosamente todo el examen antes de comenzar a responder.

Comienza por la pregunta que más domines y en ese orden continúa.

Deja por escrito todos los cálculos auxiliares que realizares.

Si te equivocas, tacha el error y continúa escribiendo.

1. Dadas las siguientes proposiciones diga si son verdaderas o falsas. En el caso de ser falsa justifique.

   a) _____ Una sucesión ( $x_n$ ) es convergente en R, si y solo si es una sucesión de Cauchy

   b) _____ Una función f definida en el dominio de los números reales es par cuando x tiende a cero.

   c) _____ Geométricamente la derivada de una función en un punto representa el coeficiente angular de la recta tangente al gráfico de esta función en este mismo punto.

   d) $\lim_{x \to x_0} f(x) = L \Leftrightarrow \forall \varepsilon > 0 \ \exists \delta_{(\varepsilon)} > 0 \ \exists x \in D_f : [0 < |x - x_0| < \delta \Rightarrow |f(x) - L| < \varepsilon]$ 2.

2. Considere la sucesión de término general $u_n = \frac{n^2+21}{n+1}$

a) Calcule los 4 primeros términos.

b) Escribe en orden los pasos que seguiste para llegar al resultado.

3. Calcule : $\lim_{x \to \infty} \frac{3x^2 + 5x - 4}{x^2 + 2x - 1}$

a) Escribe en orden los pasos que seguiste para llegar al resultado del inciso anterior. Fundamenta tu respuesta.

b) ¿Explica cómo comprobaste el resultado obtenido?

4. Una Empresa de Huambo dedicada a la venta de frutos diversos, fue atacada por una plaga desconocida, los frutos se fueron pudriendo: en el primer día dos cajas, en el segundo día seis cajas y en el tercer día dieciocho cajas. Ayuda al dueño de la empresa a encontrar la fórmula matemática para hacer el estudio de la pérdida de las cajas de frutos. ¿Cuántas cajas habrán perdido el séptimo día si se continúan pudriendo los frutos así de forma exponencial?

b) ¿Explica cómo procediste para realizar el razonamiento que te permitió llegar a la respuesta?

5. Un pintor es contratado para pintar ambos lados de 50 placas cuadradas de 50 cm de lado después que recibió las placas verificó que los lados de las placas tenían ½ cm más. ¿Cuál será el aumento aproximado del porcentaje de tinta a ser usada por el pintor?

a) Es posible utilizar otro procedimiento para llegar a la respuesta. Si la respuesta es afirmativa ¿podrías explicarlo?

6. A continuación te solicitamos que realices una autoevaluación de tu aprendizaje. Ten en cuenta el trabajo realizado.

Leyenda (Aa) Aprendí a (TD) Tengo dificultades en

| Aa | TD | Autoevaluación de mi aprendizaje |
|---|---|---|
| | | Reconocer proposiciones verdaderas y falsas. |
| | | Calcular un término de una sucesión numérica. |
| | | Calcular el límite de una función. |
| | | Interpretar problemas. |
| | | Utilizar el procedimiento más adecuado para resolver el problema. |
| | | Resolver el problemas. |

| | | |
|---|---|---|
| | | Justificar mis respuestas. |
| | | Relacionar lo dado con lo buscado. |
| | | Reconocer otras vías para resolver el problema. |
| | | Explicar el procedimiento que utilizo para resolver un ejercicio. |
| | | Explicar el razonamiento realizado para resolver los ejercicios y problemas. |
| | | Reconocer los errores cometidos en la resolución de los ejercicios y problemas. |

**Criterios para la revisión**

Indicador **Utilización de estrategias metacognitivas en el proceso de aprendizaje de la resolución de problemas matemáticos** para realizar su caracterización se tabuló las respuestas correctas e incorrectas de acuerdo a los elementos del conocimiento siguientes:

1. Explicar el procedimiento que utilizo para resolver los ejercicios y problemas.
2. Explicar el razonamiento realizado para resolver los ejercicios y problemas.
3. Justificar las respuestas.
4. Reconocer los errores cometidos en la resolución de los ejercicios y problemas.
5. Identificar las exigencias de los ejercicios y problemas.
6. Evaluar su aprendizaje de acuerdo con los resultados obtenidos.

Indicador **Dominio de los contenidos, sobre sucesiones numéricas, funciones de una variable real y cálculo diferencial,** se tabularon las respuestas correctas e incorrectas de acuerdo a las siguientes acciones:

1. Reconocer las definiciones de sucesiones numéricas, límite de una función, y derivada de una función.
2. Calcular un término de una sucesión numérica.
3. Calcular el límite de una función.
4. Fundamentar
5. Argumentar
6. Comprobar los resultados obtenidos.

Indicador **Dominio del sistema de las acciones para el proceso de resolución de problemas matemáticos que se modelan o cuya solución utilice el límite de sucesiones numéricas y de funciones elementales y la derivación de funciones y sus propiedades**

a) Comprender el problema.

b) Separar lo dado de lo buscado.

c) Confeccionar (de ser posible) figuras de análisis, esbozos, tablas.

d) Representar las relaciones contenidas en el texto.

e) Buscar la idea de la solución.

f) Realizar el planteo matemático de la solución.

g) Resolver el modelo matemático.

h) Evaluar la solución y la vía.

i) Responder el problema

Indicador **Éxito en la resolución de problemas Matemáticos que se modelan o cuya solución utilice el límite de sucesiones numéricas y de funciones elementales y la derivación de funciones y sus propiedades,** la prueba se calificó otorgando un punto a cada respuesta correcta.

De las 15 posibles respuestas correctas, se consideró otorgar a los estudiantes la categoría de: **Mal** al que obtuvo menos del 60% de respuestas correctas (menos de 9), **Regular** el que obtuvo del 60% al 79% (de 9 a 11); **Bien** el que obtuvo 90% 0 más de (12, 13, 14,15).

Anexo 16

**Análisis de los indicadores para la caracterización del proceso de enseñanza-aprendizaje de la resolución de problemas en el 12mo grado de la formación de profesores para la enseñanza primaria, al final de pre- experimento**

**Dimensión: Dirección del PEA de la resolución de problemas matemáticos en la disciplina Matemática**

**Comportamiento general de la dimensión**

| **Indicadores** | **Si** | **En parte** | **No** | **Tendencia según la Mediana** |
|---|---|---|---|---|
| Indicador 1.1 (157) | 84 | 53 | 20 | Si |
| Indicador 1.2 (157) | 49 | 87 | 21 | En parte |
| Indicador 1.3 (16) | 11 | 5 | 0 | Si |
| Indicador 1.4 (157) | 93 | 51 | 13 | Si |
| Indicador 1.5 (157) | 102 | 33 | 21 | Si |
| Indicador 1.6 (157) | 122 | 27 | 8 | Si |
| Comportamiento general y tendencia (801) | 461 | 256 | 83 | **Si** |

**Dimensión: Actividad de los estudiantes y del grupo que favorecen el aprendizaje de la resolución de problemas matemáticos**

**Éxito en la resolución de problemas matemáticos que se modelan o cuya solución utilice el límite de sucesiones numéricas y de funciones elementales y la derivación de funciones y sus propiedades**

| **Comportamiento en:** | **Total de respuestas** | **Respuestas correctas** | **Respuestas incorrectas** | **Tendencia según la Mediana** |
|---|---|---|---|---|
| Prueba Pedagógica | 220 | 137 | 83 | **Respuestas correctas** |
| % | **100** | **62,2** | **37,7** | |

**Comportamiento general de la dimensión**

| **Indicadores** | Si | En parte | No | **Tendencia según la Mediana** |
|---|---|---|---|---|
| Indicador 2.1 (157) | 95 | 48 | 14 | Si |
| Indicador 2.2(157) | 98 | 49 | 10 | Si |
| Indicador 2.3(157) | 64 | 73 | 20 | En parte |
| Indicador 2.4 (157) | 110 | 38 | 9 | Si |
| Indicador 2.5(157) | 80 | 53 | 24 | Si |
| Indicador 2.6(157) | 37 | 103 | 17 | En parte |
| Indicador 2.7(157) | 71 | 69 | 17 | En parte |
| Indicador 2.8(157) | 70 | 59 | 28 | En parte |
| Comportamiento general y tendencia (1256) | 625 | 492 | 139 | **En parte** |

**Comportamiento general de la variable**

| **Dimensiones** | Si | En parte | No | **Tendencia según la Mediana** |
|---|---|---|---|---|
| Dirección del PEA de la resolución de problemas matemáticos (801) | 462 | 256 | 83 | **Si** |
| Actividad de los estudiantes y del grupo que favorecen el aprendizaje de la resolución de problemas matemáticos (1256) | 625 | 492 | 139 | **En parte** |
| Comportamiento general y tendencia (2057) | 1087 | 748 | 222 | **Si** |

**Comparación entre el estado inicial y final de la variable**

Comparación entre el estado inicial y final de los indicadores

| **Indicadores** | **Estado inicial** | **Estado final** |
|---|---|---|
| 1.1 | Regular | Bien |
| 1.2 | Mal | Regular |
| 1.3 | Regular | Bien |

| 1.4 | Regular | Bien |
|---|---|---|
| 1.5 | Mal | Bien |
| 1.6 | Regular | Bien |
| **Dimensión 1** | **Regular** | **Bien** |
| 2.1 | Regular | Bien |
| 2.2 | Regular | Bien |
| 2.3 | Mal | Regular |
| 2.4 | Mal | Bien |
| 2.5 | Mal | Bien |
| 2.6 | Mal | Regular |
| 2.7 | Mal | Regular |
| 2.8 | Mal | Regular |
| **Dimensión 2** | **Mal** | **Regular** |
| **Variable** | **Mal** | **Bien** |

Resultado grupal de la prueba pedagógica 1 por categorías evaluativas

| | Bien | Regular | Mal | Moda | Mediana |
|---|---|---|---|---|---|
| Frecuencia | 0 | 26 | 115 | Mal | Mal |
| % | | 18,4 | 81,5 | | |

Resultado grupal de la prueba pedagógica 2 por categorías evaluativas

| | Bien | Regular | Mal | Moda | Mediana |
|---|---|---|---|---|---|
| Frecuencia | 22 | 81 | 38 | Regular | Regular |
| % | 15,6 | 57,4 | 26,9 | | |

Análisis comparativo por estudiantes

**Se aplica la dócima de los signos**

| **Cambios** | **Total de cambios** | **Por ciento** |
|---|---|---|
| **Avanzan** | 103 | 72,7 |
| **Retroceden** | 0 | 0 |
| **Se mantienen** | 38 | 26,9 |

Para n=103, X=103 y n/2= 51,5 <X con un nivel de confianza de α=0,05 $z_t = 1{,}96$ ; α=0,01 $z_t = 2{,}53$

$H_1$: Hay diferencias en la significatividad de los cambios en los resultados de la evaluación del aprendizaje de los estudiantes durante el proceso de enseñanza-aprendizaje de la resolución de problemas en la disciplina Matemática y la tendencia en cuanto a los cambios ocurridos es a cambios positivos.

$H_0$: No hay diferencias significativas en los cambios en los resultados de la evaluación del aprendizaje de los estudiantes.

$$z_c = \frac{(X-0{,}5)-\frac{n}{2}}{\frac{\sqrt{n}}{2}} = \frac{(103-0{,}5)-51{,}5}{\frac{\sqrt{103}}{2}} = \frac{51}{5{,}0744} = 10{,}05$$

Como $z_c > z_t$ (10,05 > 2,53) se rechaza la hipótesis nula y con un nivel de confiabilidad de un 99% se puede asegurar que la tendencia es a **cambios positivos** en los resultados de la evaluación del aprendizaje de los estudiantes durante el proceso de enseñanza-aprendizaje de la resolución de problemas en la disciplina Matemática.

Printed by Books on Demand GmbH, Norderstedt / Germany